人为干预下喀斯特石漠化演变机制与调控

周忠发　闫利会　陈　全 等　著

科学出版社
北京

内 容 简 介

本书以人为干预为主线，耦合自然过程，以喀斯特石漠化综合治理示范区为单元，从研究人为干扰下的石漠化过程机理和人为干预下的石漠化生态特征出发，以石漠化生态恢复的人为干预响应为核心，揭示不同地貌背景、不同社会经济发展、不同生态恢复治理工程干预下石漠化的演变机制；通过对多尺度、多类型喀斯特生态系统的观测集成研究，综合分析诊断退化及恢复生态系统的健康状况及演进趋势，揭示受人为干预的喀斯特生态系统结构和功能的基本特征和自维持机制及其对石漠化过程的影响，评价生态综合恢复措施时空优化调控过程与配置模式的优化度，提出调控措施。

本书可作为政府决策部门制定生态恢复与优化调控的理论指导，也可作为高等院校和科研院所地学与生态环境类师生及研究人员的教材与工具书。

图书在版编目(CIP)数据

人为干预下喀斯特石漠化演变机制与调控 / 周忠发等著. —北京：科学出版社，2016.6
ISBN 978-7-03-049255-5

Ⅰ.①人… Ⅱ.①周… Ⅲ.①喀斯特地区-沙漠化-研究 Ⅳ.①P941.73

中国版本图书馆 CIP 数据核字（2016）第 149398 号

责任编辑：杨 岭 唐 梅 / 责任校对：韩雨舟
责任印制：余少力 / 封面设计：墨创文化

科学出版社 出版

北京东黄城根北街16号
邮政编码：100717
http://www.sciencep.com

成都锦瑞印刷有限责任公司印刷
科学出版社发行 各地新华书店经销

*

2016 年 8 月第 一 版　　　开本：787×1092 1/16
2016 年 8 月第一次印刷　　　印张：12 1/2
字数：300 千字

定价：**128.00** 元
（如有印装质量问题，我社负责调换）

本书编写人员

周忠发　闫利会　陈　全　陈圣子　田涟祎
陈亚娟　魏小岛　郭　宾　王　瑾　才　林
张勇荣　王　昆　孙树婷

作者简介

周忠发，男，汉族，中共党员，1969年6月生，贵州遵义人，教授、博士生导师，贵州省省管专家，贵州师范大学喀斯特研究院副院长、贵州省喀斯特山地生态环境省部共建国家重点实验室培育基地副主任、国家喀斯特石漠化防治工程技术研究中心副主任、国家遥感中心贵州分部（贵州省遥感中心）主任、贵州省省委"服务决策专家智库"专家、贵州省优秀青年科技人才。主持国家重点基础研究发展计划（973计划）课题"人为干预下喀斯特山地石漠化的演变机制与调控"
（2012CB723202）、国家"十二五"科技支撑计划重大课题"喀斯特高原峡谷石漠化综合治理技术与示范"（2011BAC09B01）、国家自然科学基金"岩溶洞穴 CO_2 迁移变化机制及对洞穴岩溶环境的影响研究"（41361081）、贵州省重大应用基础研究项目"喀斯特石漠化生态修复及生态经济系统优化调控研究——喀斯特区岩土类型格局"（黔科合 JZ 字 [2014]200201）等国家级、省部级和成果转化项目70余项，曾赴美国、意大利、德国、俄罗斯、芬兰、法国等国进行喀斯特生态环境修复科学考察与参加国际学术交流。发表论文110余篇，出版《喀斯特石漠化的遥感-GIS典型研究——以贵州省为例》《望谟特大山洪泥石流灾后重建——资源环境承载能力评估》《喀斯特山区草地资源遥感与 GIS 典型研究》等专著7部，授权专利与软件著作权等10项，获省部级奖励10余项。组建贵州师范大学"地理学"博士点与省级特色重点学科、国家与省部级平台、科技创新人才团队等。在喀斯特石漠化综合治理、GIS与遥感技术、喀斯特地貌与洞穴、主体功能区与空间规划、世界遗产申报与保护、山区灾后重建、生态保护红线、北斗导航与应用、农业产业园区信息化管理等领域取得标志性研究成果。

前　言

　　《人为干预下喀斯特石漠化演变机制与调控》一书是在国家重点基础研究发展计划（973 计划）课题"人为干预下喀斯特山地石漠化的演变机制与调控"（2012CB7233202）研究成果的基础上编写完成的，同时结合国家"十二五"科技支撑计划重大课题"喀斯特高原峡谷石漠化综合治理技术与示范"（2011BAC09B01）、贵州省国际科技合作计划"不同生态恢复措施干预下喀斯特石漠化演化及调控研究"（黔科合外 G 字[2012]7022 号）、贵州省重大应用基础研究项目"喀斯特石漠态化生修复及生态经济系统优化调控研究——喀斯特区岩土类型格局"（黔科合 JZ 字[2014]200201）等项目，依托贵州省喀斯特山地生态环境省部共建国家重点实验室培育基地、国家喀斯特石漠化防治工程技术研究中心、国家遥感中心贵州分部（贵州省遥感中心）等平台建设研究成果使本书进一步充实完善。

　　喀斯特石漠化是在热带亚热带暖温带湿润半湿润气候条件的喀斯特环境背景下，由于人类活动和自然因素，导致地表植被遭受破坏，土壤严重侵蚀，基岩裸露或砾石堆积，土地生产力严重下降，地表出现类似荒漠景观的土地退化过程和现象。石漠化的产生是以脆弱的生态地质环境为基础，以强烈的人类活动为驱动力，以土地生产力退化为本质，以出现类似荒漠化景观为标志。依据国家《岩溶地区石漠化综合治理规划大纲（2006—2015 年）》的要求以及喀斯特地区人地矛盾突出问题，深入量化研究石漠化对人为干预的响应及调控机制具有重要的意义。本书以人类活动为主线，耦合自然过程，定量地研究石漠化演变机制及人为干预在石漠化生态恢复中的贡献率，并通过多尺度、多类型喀斯特生态系统的观测集成研究，综合分析诊断退化及恢复生态系统的健康状况及演进趋势，为喀斯特环境石漠化治理工程配置优化与调控提供理论基础。

　　在项目立项、研究、总结和书稿的编写过程中得到了贵州师范大学、贵州省科技厅的指导与支持，并对项目的执行、本书的编写提出了许多指导性的意见。本书第一章主要由周忠发、陈亚娟、田涟袆完成；第二章主要由周忠发、闫利会、陈圣子、王瑾完成；第三章主要由周忠发、闫利会、田涟袆、陈亚娟完成；第四章主要由闫利会、张勇荣、王昆完成；第五章主要由闫利会、郭宾、魏小岛完成；第六章主要由周忠发、陈圣子、孙树婷完成；第七章主要由陈全、王瑾、才林完成。周忠发、闫利会、陈全、陈亚娟、陈圣子主要负责内容整理和插图处理，周忠发对全书进行了最终的修改和定稿。参加野外遥感调查、样方监测、社会经济调查、室内方案设计、试验分析、数据整理挖掘、数据库建设、模型构建与计算等研究工作的还有李波副研究员、张勇荣副教授、邹长慧助理研究员、黄凯程博士、王媛媛博士、贾龙浩中级经济师以及刘智慧、廖娟、黄静、王平、谢雅婷、谭玮颐等硕士研究生，他们同时也承担了部分内容的分析整理、照片编辑等工作，在此一并深表感谢。

限于我们的水平、技术、经验和掌握的材料及时间方面的原因，书中的疏漏和不足在所难免，敬请读者批评指正。

作　者

2016 年 5 月 1 日

目 录

第1章 喀斯特石漠化研究进展 ···················· 1
  1.1 喀斯特石漠化 ···················· 1
    1.1.1 喀斯特石漠化的定义 ···················· 1
    1.1.2 喀斯特石漠化等级和类型划分 ···················· 1
    1.1.3 喀斯特石漠化研究现状 ···················· 3
    1.1.4 喀斯特石漠化的影响因素 ···················· 4
  1.2 喀斯特石漠化遥感应用 ···················· 6
    1.2.1 喀斯特石漠化遥感信息提取 ···················· 6
    1.2.2 喀斯特石漠化预警与决策支持系统研发 ···················· 8
  1.3 喀斯特石漠化生态恢复与优化调控 ···················· 9
    1.3.1 人类活动定量研究 ···················· 9
    1.3.2 喀斯特石漠化综合治理模式与技术 ···················· 10
    1.3.3 喀斯特石漠化区生态系统健康诊断研究 ···················· 14
    1.3.4 喀斯特石漠化综合防治工程优化评价与调控 ···················· 15

第2章 典型喀斯特生态表征与人类活动 ···················· 16
  2.1 研究区典型性与代表性分析 ···················· 16
    2.1.1 典型研究区选取原则 ···················· 16
    2.1.2 研究区典型性与代表性分析 ···················· 17
  2.2 喀斯特石漠化遥感提取与处理 ···················· 22
    2.2.1 遥感影像数据与处理 ···················· 22
    2.2.2 喀斯特石漠化生态特征遥感提取 ···················· 27
  2.3 喀斯特石漠化自然背景与生态环境 ···················· 27
    2.3.1 关岭－贞丰花江示范区自然背景 ···················· 27
    2.3.2 关岭－贞丰花江示范区生态环境 ···················· 32
    2.3.3 清镇红枫湖示范区自然背景 ···················· 35
    2.3.4 清镇红枫湖示范区生态环境 ···················· 40
  2.4 喀斯特石漠化社会经济与人类活动 ···················· 44
    2.4.1 关岭－贞丰花江示范区社会经济与人类活动 ···················· 44
    2.4.2 清镇红枫湖示范区社会经济与人类活动 ···················· 49

第3章 喀斯特石漠化过程实验研究 ···················· 54
  3.1 实验设计 ···················· 54

3.1.1 实验目的 ……………………………………………… 54

3.1.2 实验方法 ……………………………………………… 54

3.2 土壤养分与流失观测实验 …………………………………… 54

3.2.1 实验设备与方法 ………………………………………… 54

3.2.2 土壤理化性质分析方法 …………………………………… 56

3.2.3 实验样地选取与评价 ……………………………………… 56

3.2.4 土壤养分流失分析 ………………………………………… 62

3.3 植物群落多样性监测实验 …………………………………… 71

3.3.1 实验设备 ………………………………………………… 71

3.3.2 计算方法 ………………………………………………… 72

3.3.3 实验样地分析与评价 ……………………………………… 72

3.3.4 石漠化不同演变阶段植物群落多样性评价 ……………… 74

第4章 喀斯特石漠化演替 …………………………………… 78

4.1 喀斯特石漠化时空格局 ……………………………………… 78

4.1.1 数据来源与研究方法 ……………………………………… 78

4.1.2 喀斯特高原峡谷区石漠化时空格局 …………………… 78

4.1.3 喀斯特高原盆地区石漠化时空格局 …………………… 81

4.2 喀斯特石漠化演变过程 ……………………………………… 85

4.2.1 石漠化演变方式 ………………………………………… 85

4.2.2 石漠化演变速度 ………………………………………… 92

4.3 喀斯特石漠化演变的驱动因素 …………………………… 95

第5章 喀斯特石漠化演替的人为干预响应 ……………… 99

5.1 典型喀斯特区人为干预强度评价 ………………………… 99

5.1.1 喀斯特区人为干预强度评价指标体系 ………………… 100

5.1.2 喀斯特区人为干预强度评价模型构建 ………………… 102

5.1.3 喀斯特区的人为干预强度评价模型 …………………… 105

5.1.4 典型喀斯特区人为干预强度评价 ……………………… 106

5.2 不同人为干预强度下石漠化景观研究 …………………… 111

5.3 人为干预的介入与退出下石漠化演变特征 ……………… 114

第6章 人为干预下喀斯特石漠化生态系统健康诊断 …… 117

6.1 喀斯特石漠化生态系统健康诊断 ………………………… 117

6.1.1 数据源及预处理 ………………………………………… 117

6.1.2 生态系统健康诊断指标体系 …………………………… 118

6.1.3 石漠化生态系统健康综合诊断模型构建 ……………… 120

6.1.4 石漠化生态系统健康诊断等级划分 …………………… 120

6.2 喀斯特石漠化生态系统健康演替趋势 …………………… 121

6.2.1 喀斯特高原峡谷生态系统健康时间演替趋势 ······ 121

6.2.2 喀斯特高原峡谷生态系统健康空间演替趋势 ······ 123

6.2.3 喀斯特高原盆地生态系统健康时间演替趋势 ······ 124

6.3 人为干预对喀斯特石漠化生态系统健康的影响 ······ 131

6.3.1 人为干预对喀斯特高原峡谷区生态系统健康的影响 ······ 131

6.3.2 人为干预对喀斯特高原盆地区生态系统健康的影响 ······ 134

6.4 喀斯特石漠化生态系统健康预测 ······ 137

6.4.1 建模方法 ······ 137

6.4.2 马尔科夫转移概率矩阵 ······ 138

6.4.3 喀斯特石漠化生态系统健康变化的预测分析 ······ 138

第7章 喀斯特石漠化生态恢复优化与调控 ······ 140

7.1 石漠化治理工程配置优化度评价 ······ 140

7.1.1 基于WSR法的石漠化区工程配置优化度评价指标体系 ······ 140

7.1.2 石漠化治理工程配置优化度评价模型 ······ 143

7.1.3 喀斯特高原峡谷区石漠化治理工程配置优化度评价 ······ 146

7.1.4 喀斯特高原盆地区石漠化治理工程配置优化度评价 ······ 150

7.2 喀斯特石漠化生态恢复生态经济效益评价 ······ 156

7.2.1 典型喀斯特石漠化地区生态环境质量综合评价 ······ 156

7.2.2 典型喀斯特石漠化地区生态系统服务功能评价 ······ 162

7.3 石漠化综合治理工程配置的优化与调控 ······ 175

7.3.1 不同石漠化区综合治理工程配置的共性优化措施 ······ 175

7.3.2 轻−中度石漠化综合治理工程配置的优化措施 ······ 175

7.3.3 中−强度石漠化综合治理工程配置的优化措施 ······ 176

参考文献 ······ 177

第 1 章   喀斯特石漠化研究进展

1.1   喀斯特石漠化

随着西部大开发战略的实施，特别是西部生态建设目标的提出，喀斯特石漠化（karst rocky desertification）问题备受瞩目。喀斯特石漠化是土地荒漠化的主要类型之一，与北方的荒漠、黄土和冻土构成中国的四大生态环境脆弱带。喀斯特石漠化是自然因素和人为活动共同作用造成生态系统退化的结果。

1.1.1   喀斯特石漠化的定义

20 世纪 80 年代末到 90 年代初，部分科技工作者在水土保持工作中，特别是在砂页岩及红色岩系和石灰岩丘陵山地陡坡开垦所引起的水土流失研究中，提出了"石化""石山荒漠化""石质荒漠化"的概念，并特别强调石山荒漠化是水土流失的一个突出特点。屠玉麟（1996）认为，石漠化是指在喀斯特自然背景下，受人为活动干扰破坏造成土壤严重侵蚀、基岩大面积裸露、生产力下降的土地退化过程，所形成的土地称石漠化土地。袁道先（1997）采用石漠化（rocky desertification）概念来表征植被、土壤覆盖的喀斯特地区转变为岩石裸露的喀斯特景观的过程，并指出石漠化是中国南方亚热带喀斯特地区严峻的生态问题，导致了喀斯特风化残积层土的迅速贫瘠化。热带和亚热带地区喀斯特生态系统的脆弱性是石漠化的形成基础，但人口压力、土地利用规划和实践的不合理、大气污染等人类活动触发了这一事件的所有过程。罗中康（2000）认为，喀斯特地区森林植被一旦遭受破坏，不仅难以恢复，而且必然造成大量的水土流失、土层变薄、土地退化、基岩出露，形成奇特的石漠化景观，简称石漠化。王世杰（2002）认为，喀斯特石漠化是指在亚热带脆弱的喀斯特环境背景下，受人类不合理社会经济活动的干扰破坏，造成土壤严重侵蚀，基岩大面积出露，土地生产力严重下降，地表出现类似荒漠景观的土地退化过程。李松等（2009）对石漠化科学内涵进行了探讨，指出石漠化是在热带亚热带暖温带湿润半湿润气候条件的喀斯特环境背景下，人类活动和自然因素，导致地表植被遭受破坏，土壤严重侵蚀，基岩裸露或砾石堆积，土地生产力严重下降，地表出现类似荒漠景观的土地退化过程和现象。

一般认为，喀斯特石漠化以脆弱的生态地质环境为基础，以强烈的人类活动为驱动力，以土地生产力退化为本质，以出现类似荒漠化景观为标志。对于石漠化的定义，不同学者的描述各异，但在其形成背景、驱动因素或成因、表现景观等方面的认识是相同的。

1.1.2   喀斯特石漠化等级和类型划分

关于喀斯特石漠化的现状评价指标体系，不同学科背景的学者考虑的角度不同，对指标持续性作用的界定不同，指标的选择差异也较大，评价指标的量化标准（阈值）也不尽相同(黄秋昊等，2007)。目前对于喀斯特石漠化等级的划分，国家尚无统一标准。周忠发(2001)应用多波段、多平台的遥感信息，依据植被及土被比例、侵蚀面积比例、土壤平均侵蚀模数和平均流失厚度等数据，将石漠化划分为无石漠化、潜在石漠化、轻度石漠化、中度石漠化、强度石漠化、极强度石漠化6种等级(表1-1)。熊康宁等(2002)从基岩裸露面积、土被面积、坡度、植被加土被面积、平均土厚，分别对纯碳酸盐岩和不纯碳酸盐岩喀斯特区石漠化强度进行了分级，将石漠化强度分为无明显石漠化、潜在石漠化、轻度石漠化、中度石漠化、强度石漠化、极强度石漠化六个等级，并提出不同强度石漠化区土地的农业利用价值(表1-2、表1-3)。李瑞玲等(2003)依据植被覆盖率、岩石裸露率、平均土厚和植被类型等指标，建立了石漠化轻度、中度和强度三级制体系，她指出，轻度石漠化景观上岩石裸露较明显，已不宜发展农业，可适当发展林牧业；中度石漠化岩石出露面积大，水土流失严重，土地利用类型上属于难利用地；强度及以上石漠化地区基岩大面积出露，许多地方甚至已无土可流，基本失去利用价值，景观与裸地石山几乎没有区别。兰安军(2003)采用基岩裸露率+土被覆盖率，将石漠化强度等级划分为5个类型。王瑞江等(2001)、吕涛(2002)、王宇等(2003)均考虑岩石的裸露程度来划分石漠化等级，但各人划分标准均不同。王瑞江等(2001)将岩石裸露面积达70%以上的地带划分为石漠化地区；吕涛(2002)将裸露的碳酸盐岩面积小于50%的地区划分为无明显石漠化区；王宇等(2003)将岩石裸露面积大于土地总面积70%的土地划分为严重石漠化土地，岩石裸露面积占土地总面积50%~70%的土地划分为中度石漠化土地，岩石裸露面积占土地总面积30%~50%的土地划分为轻度石漠化土地。王世杰等(2005)从生态建设层面思考已有的分类体系后提出，尽管研究者已认识到石漠化以强烈的人类活动为驱动力，但石漠化分类评价中并没有考虑到土地利用这一主要影响因子，也没有区分自然因素的差异，同时指出：有关石漠化的监测数据因人因机构有别，部分治理模式因为严重的地域局限性或经济不合理性，无法大面积推广，原因之一在于在实际工作中往往将石漠化等同于基岩裸露，而忽视了不同成因的石漠化类型的生态功能差别，据此提出了石漠化土地的景观+成因的两级分类模型(图1-1)。白晓永等(2009)在分级体系中增加了土地利用现状与裸岩分布的特征。成永生(2009)提出"双重机制"(即"驱动机制+成因机制")的喀斯特石漠化分类方式。因此，在喀斯特石漠化类型划分的过程中应体现出层次性与先后性，只有在对第一层次正确分类的基础上，第二层次的分类才是有意义的。综上，石漠化分类研究目前没有严格科学意义上的划分标准，也没有统一的石漠化评价指标体系，没有形成一个公认的、被广泛接受的石漠化分类体系，导致许多基础数据难于共享，重复了部分基础研究工作，不利于开展多学科、跨部门的石漠化综合防范与治理。因此，石漠化评价指标选择和石漠化强度与等级的划分等方面尚缺乏深入研究。

表 1-1　基于植被覆盖的喀斯特石漠化类型划分

等级	植被+土被/%	侵蚀面积/%	土壤平均侵蚀模数 /(t/(km² · a))	平均流失厚度 /(mm/a)
无石漠化	>75	<30	<1000	<0.74
潜在石漠化	50~70	30~40	1000~2500	0.74~1.9
轻度石漠化	30~50	40~50	2500~5000	1.9~3.7

续表

等级	植被+土被/%	侵蚀面积/%	土壤平均侵蚀模数 /(t/(km² · a))	平均流失厚度 /(mm/a)
中度石漠化	15～30	50～60	5000～8000	3.7～5.9
强度石漠化	5～15	>60	>8000	>5.9
极强度石漠化	<5	<30	<1000	<0.74

表 1-2　纯碳酸盐岩区的喀斯特石漠化类型划分

强度等级	基岩裸露/%	土被/%	坡度/%	植被+土被/cm	平均土厚/cm	农业利用价值
无明显石漠化	<40	>60	<15	>70	>20	宜保水措施的农用
潜在石漠化	>40	<60	>15	50～70	<20	宜林牧
轻度石漠化	>60	<30	>18	35～50	<15	临界宜林牧
中度石漠化	>70	<20	>22	20～35	<10	难利用地
强度石漠化	>80	<10	>25	10～20	<5	难利用地
极强度石漠化	>90	<5	>30	<10	<3	无利用价值

表 1-3　不纯碳酸盐岩区的喀斯特石漠化类型划分

强度等级	基岩裸露/%	土被/%	坡度/%	植被+土被/cm	平均土厚/cm	农业利用价值
明显石漠化	<40	>60	<22	>70	>20	宜保水措施的农用
无明显石漠化	>40	<60	>22	50～70	<20	宜林牧
潜在石漠化	>60	<30	>25	35～50	<15	临界宜林牧
轻度石漠化	>70	<20	>30	20～35	<10	难利用地
中度石漠化						
强度石漠化						
极强度石漠化						

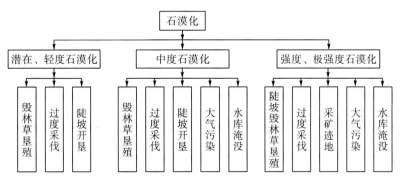

图 1-1　基于生态景观特征的喀斯特石漠化类型划分

1.1.3　喀斯特石漠化研究现状

继 2004 年国家林业局组织开展了喀斯特地区首次石漠化土地监测工作，2011 年国家林业局组织开展了第二次石漠化监测工作，监测范围涉及湖北、湖南、广东、广西、贵州、云南、重庆、四川等八省(自治区、直辖市)的 460 个县(市、区)。结果显示，截至 2011 年，我国石漠化土地面积为 1200.2 万 hm²，占监测区国土面积的 11.2%，占喀斯特面积的 26.5%；与 2005 年相比石漠化土地净减少 96 万 hm²，减少了 7.4%，年均减少 1600 km²，缩减率为 1.27%。

贵州处于世界喀斯特最复杂、类型最齐全、分布面积最大的东亚岩溶区域中心，是我国石漠化最严重的省份之一（袁道先，2000）。碳酸盐岩极为发育，喀斯特出露面积占贵州省国土面积的 61.92%（熊康宁等，2002），脆弱的生态环境和复杂的人地关系，导致严重的水土流失，基岩大面积裸露，迫使喀斯特石漠化成为贵州乃至我国西部地区首要的生态问题，石漠化迫切需要治理。根据 2010 年贵州省喀斯特石漠化遥感调查结果，贵州省喀斯特石漠化等级类型齐全，石漠化分布复杂，全省喀斯特面积达 109084.5 万 km²，占全省总面积的 61.9%。其中无石漠化面积为 39463.5 km²，潜在石漠化面积为 33148.5 km²，轻度石漠化面积为 22426.4 km²，中度石漠化面积为 10018.3 km²，强度石漠化面积为 4027.4 km²（陈起伟等，2014）。

国内外对喀斯特环境问题的认识基本上是同步的。自 LeGrand 1973 年在美国《科学》杂志上发文指出了喀斯特地区地面塌陷、森林退化、旱涝灾害、原生环境中的水质等生态环境问题以来（LeGrand，1973），受到世界各国的普遍关注（Ford et al.，1989；John，1991）。1983 年 5 月，美国科学促进会第 149 届年会安排了"喀斯特环境问题"专题讨论，并将喀斯特环境列为一种脆弱的环境；1983 年 9 月，贵州环境科学学会召开"贵州喀斯特环境问题"学术讨论会（袁道先，1997）。随着喀斯特地区以石漠化为主要特征的生态环境退化日益严峻，国内外对喀斯特地区的研究重点有了明显变化，从原来的侧重地貌过程和水文过程的研究转变到喀斯特生态系统脆弱性和人类影响、喀斯特地区的环境退化、生态重建研究（贾亚男等，2003；蒋勇军等，2004）。UNESCO 和 IGCP 共同资助的喀斯特地区生态环境研究计划，从"地质、气候、水文和喀斯特形成""喀斯特作用和碳循环""全球喀斯特生态系统对比"到"喀斯特含水层和水资源对比研究"也反映了这一趋势（袁道先，2001）。

1.1.4 喀斯特石漠化的影响因素

石漠化主要发生于浅覆盖及裸露型的喀斯特地区，由于植被的减少、自然背景以及人类活动的干扰，极易发生地表裸露，在强降雨或者径流的作用下，进一步造成土壤流失、岩石裸露，最终导致石漠化恶性循环。影响石漠化形成的因素主要是自然因素和人为因素两大类，王世杰等（2003）、李阳兵等（2004）、赵其国等（2013）等根据大量的研究，发现随着社会经济和人类社会活动的发展，人为因素越来越成为石漠化发生的主导因子。

1. 自然因素

1) 地质岩性

中国西南喀斯特地区，特定的地质演化过程奠定了脆弱的环境背景。以挤压为主的中生代燕山构造运动使西南地区普遍发生褶皱，形成高低起伏的古老碳酸盐岩基岩面；以升降为主、叠加在此之上的新生代喜马拉雅山构造运动塑造了现代陡峭而破碎的喀斯特高原地貌景观，由此产生较大的地表切割度和地形坡度，为水土流失提供了动力潜能；

从震旦纪到三叠纪，在该区沉积了巨厚的碳酸盐岩地层，为喀斯特石漠化的发生提供了物质基础，特别是碳酸盐岩的大面积出露，为石漠化的形成奠定了物质基础。

2)水文气候

喀斯特地区多属于中亚热带湿润季风气候，常年温暖湿润，冬无严寒，夏无酷暑，无霜期长，雨量充沛，湿度大。地处太平洋季风和印度洋季风交汇影响的边缘地带，加之纬度较低，海拔较高，冷暖空气常在此交汇，形成静止锋，因而雨量充沛（张冬青等，2006）。喀斯特地区分布大量的可溶性岩，水对可溶性岩石（碳酸盐岩、石膏等）主要以化学溶蚀作用为主，以流水的冲蚀、潜蚀和崩塌等机械作用为辅，形成地表落水洞、地下洞穴等。碳酸盐岩的变形、裂隙的发育以及碳酸盐岩本身的溶解性质，造成"地下水滚滚流，地表水贵如油"。白云岩含水介质多以小型溶蚀孔洞、节理裂隙为主，地表岩石多破碎，岩体表层提供了地下水储集的空间条件，其表层常保存着一定量的岩溶地下水，相对而言有利于植被的生长（王明章，2003）。

3)土壤侵蚀

喀斯特地区土层浅薄，当植被退化或者丧失后，土壤表层暴露在空气中，受到地形、地势、雨水冲刷的影响，加剧石漠化形成。土壤侵蚀包括土壤流失和土壤丢失两种现象。当土壤发生侵蚀时，一部分土壤物质沿坡面流失，并在坡脚或沟谷下游发生堆积，这一现象被称为"土壤流失"。除一部分土壤沿坡面流失外，还有一部分土壤颗粒、溶蚀物质及风化壳物质沿着坡面垂直或倾斜运动就近流入岩溶裂隙，或者通过落水洞将土壤流失于地下系统中，就是所谓的"土壤丢失"（孙承兴等，2002）。石漠化程度与土壤养分状况有密切的联系，有机质、全氮、全磷、水解氮、速效钾，全钾和速效磷与石漠化程度的相关性稍差一些（李阳兵等，2004；龙健等，2005）。随着侵蚀的加剧，土壤中的养分含量逐步减少，可利用的土地退化为基岩完全裸露，呈现大面积的喀斯特石漠化景观。

4)植被退化、丧失

石漠化过程中植被退化、丧失是最为直观和敏感的现象。岩石出露后，随着生物量的增长和土壤的形成，逐渐形成以生物活动和土壤过程为主导的喀斯特生态系统（潘根兴等，1999）。喀斯特生态系统普遍具有基岩裸露，土层浅薄，水分下渗严重，保水性差，基质、土壤和水等富钙的生态特征（屠玉麟，1995），植物多喜钙和具有耐旱性，且普遍具有发达而强壮的根系。石漠化植被退化、丧失首先表现为物种数量减少，其次是群落组成成分、结构趋向于单一化，生物量和植被盖度降低。植被退化、群落受损为流水侵蚀、化学溶蚀等提供了有利条件，这样一来生态稳定性变差，植被会进一步退化甚至丧失，造成恶性循环，碳酸盐岩环境中石山的形成是生态系统退化和岩溶地球化学系统退化的结果（李阳兵等，2004）。

2. 人为因素

喀斯特山区的生态系统遭到严重破坏，导致生态破坏和贫困恶性循环，最终使居住条件恶化，耕地更加贫瘠（李阳兵等，2004）。喀斯特地区俗有"地无三里平"之说，人口的快速增长使得人类不得不砍伐林地、灌木林地使其变为坡耕地，经水土流失、土地退化，加剧了石漠化的形成。这是一种与脆弱生态地质背景和人类活动相关联的过程，可以认为强烈的岩溶化过程为其产生的主要自然原因，人类对生态的破坏和土地的不合理利用成为激发石漠化过程的主要人为因素(袁道先，1997)，主要表现有过度开垦、过度放牧、过度砍伐等。综上，人口的快速增长使本来就处于偏低自然潜力的地区遭到高度的开发，过度的活动引发并且加剧了喀斯特地区植被的破坏，加快土壤侵蚀和流失的速率，进一步加剧了石漠化的形成和发展。

1.2　喀斯特石漠化遥感应用

1.2.1　喀斯特石漠化遥感信息提取

喀斯特地区地面覆盖情况复杂，通过影像数据的解译所提取的石漠化分布图件误差较大、精度较低。影像数据主要是植被、土壤、岩石的混合像元，直接对其解译难以区分，并且不同坡度、坡向、海拔等地形地貌因素所形成的石漠化现状也不相同。通过光谱特征的分析可以很大程度上减小单凭影像分类所带来的误差，可以更加明确石漠化的分布规律，对石漠化的治理提出适宜的治理模式。通过对遥感影像提取不同等级石漠化的光谱特征，建立喀斯特地区不同等级石漠化的光谱信息指标数据体系，为喀斯特地区生态和经济建设提供更为科学的平台和理论支持，为喀斯特石漠化综合防治提供更为可靠的科学依据。

石漠化信息提取不是孤立的技术手段，而是多种信息综合分析、反馈的过程。喀斯特并不是石漠化，但石漠化区是喀斯特区域的子集(熊康宁等，2009)。计算机提取的任务是应用数学方法确定影像与石漠化特征的对应关系，并与人眼观察特性进行匹配。而遥感影像提供的地面信息是水平与垂直方向上交叉重叠的波谱特征，这使影像与地物之间存在着复杂的对应关系。为了简化这种对应关系，从遥感影像处理的角度分析，应尽可能地使参与运算的像元更加趋于纯净。对于喀斯特石漠化信息提取来说，逐步圈定石漠化范围是解决这一问题的合理方法。研究过程中将研究区的非喀斯特信息剔除作为进行石漠化信息提取的第一步。喀斯特是一种自然现象，包括水对碳酸盐岩溶蚀的地球化学过程和形成的地貌形态(高贵龙等，2003)。喀斯特研究区的水文地质图上有明确的碳酸盐岩的分布范围，因此可以较为方便地实现喀斯特区域的提取。目前大部分喀斯特石漠化研究采用此方法作喀斯特区域的初步圈定(况顺达等，2009；熊康宁等，2002；喻琴，2009)。喀斯特石漠化的提取主要运用监督分类方法，这是最早应用的方法，同一强度等级的石漠化图斑在图像上表现出相似的光谱特征。熊康宁等(2002)利用"3S"技术，建立了石漠化遥感解译指标体系。李文辉等(2002)认为喀斯特地区的主要地物是基岩、黏土和植被，分析了三者的光谱特征后，以 TM 图像为数据源，实地选取 17个样地，运用监督分类法进行计算机自动识别。将石漠化分为轻度石漠化和严重石漠化两种，对湘中南 5.7 万 km^2 范围的喀斯特石山区进行监测，获得的石漠化分布图精度达到 85%。

地表覆盖变化是生态环境变化的直接结果，很大程度上代表了生态环境总体状况。

　　喀斯特石漠化地区地表的主要覆盖类型除了和非喀斯特地区一样的植被和裸土外，还存在广泛分布的裸露基岩，因此，植被覆盖率、岩石裸露率、土层厚度等喀斯特地表覆盖信息通常被作为石漠化评价和分级的关键指标(李瑞玲等，2004)，近年来被广泛地应用于石漠化信息遥感定量反演研究中。王金华等(2007)选择 TM4、3、2 波段组合和 TM5、4、3 波段组合确立了粤北喀斯特山区基岩裸露率、植被和土被盖度、植被种类、土地利用类型等石漠化表征信息的解译标志；吴虹等(2002)则发现 TM6、5、1 波段组合对广西都安石漠化裸露灰岩的提取有很好的解释性；李阳兵等(2006)利用 STER 影像数据对贵州省盘县喀斯特石漠化分级指标基岩裸露率和植被+土被覆盖率进行遥感解译；胡娟等(2008)利用 CBERS-02 的 4、3、1 波段假彩色合成图像对贵州省黔南布依族苗族自治州石漠化退化土地覆被进行遥感解译。

　　这些研究仍停留在人工目视解译的遥感图像处理初级阶段，这种方法避免不了人为主观的影响，解译工作量大、速度慢，解译者需要对石漠化的遥感影像表现有深刻的认识，特别是对不同程度的石漠化，用人眼目视判别量化上的差异存在较大困难。如果是由不同解译者来对同一区域进行解译，结果可能会出现很大的差异，增加了提取石漠化信息的不确定性，影响石漠化信息提取的效率和可靠性。

　　除了上述方法外，植被指数和混合光谱分析技术是目前应用比较广泛的地表覆盖信息遥感提取方法。童立强(2003)利用增强的比值植被指数增强了石漠化信息，消除了太阳照度、坡向等的影响；万军等(2003)应用线性光谱分离技术研究了贵州省关岭县喀斯特地区的土地覆被变化。然而，这两种方法在喀斯特地物信息提取研究中的应用均存在一定的局限性：一方面，植被指数主要是基于绿色植被的反射光谱特征发展而来的，能够反映植被的"绿度信息"，而不能用来直接有效探测基岩裸露率、土壤裸露程度等喀斯特非绿色植被地表覆盖信息；另一方面，混合光谱分析技术受制于确定纯像元或端元，而对于地表复杂度高、地物分布不连续的高度景观异质性的我国西南喀斯特石漠化地区，即使是常用的空间分辨率相对较高的 Landsat TM(空间分辨率为 30 m×30 m)，一个像元内部也往往包含了植被、基岩、裸土等多种地物的混合光谱信息，端元选取非常困难，应用混合光谱分析技术来获取高景观异质性的喀斯特地区的地表覆盖信息存在一定难度。闫利会(2008)选取贵州省毕节鸭池示范区石桥流域为研究区，采用典型的后向人工神经网络分类方法进行分类，并开展野外遥感调查，以提高和验证分类精度。喻琴(2009)在分析地物光谱特征的基础上，运用基于 CART 算法的决策树分类方法，集成遥感影像多种光谱特征和地学辅助数据建立研究区石漠化信息自动提取的决策树模型。龙晓闽(2010)在遥感和地理信息系统技术的支持下，分析和探讨了利用像元二分模型进行石漠化信息提取的可行性，并应用多时相遥感数据开展了喀斯特石漠化问题的研究。杨晓英(2012)主要通过对多光谱影像 Landsat-7 与高光谱影像 Hyperion 进行石漠化光谱采样，分析并提取了不同等级石漠化的光谱特征，建立了快速识别喀斯特石漠化等级的遥感影像光谱信息的指标体系和数据体系。岳跃民等(2011)、刘波等(2010)针对喀斯特高度异质性导致的混合像元效应严重，和利用现有植被指数及混合光谱分析方法提取石漠化信息的不足之处，开始尝试利用高光谱数据发展新的光谱指数来提取喀斯特地区绿色植被、非绿色植被(已落叶植被及其凋落物)、土壤和裸岩等复合覆盖度信息，取得一些初步成果，但仍处于探索阶段，停留在实测地物光谱和探究石漠化光谱响应机制阶段。

1.2.2 喀斯特石漠化预警与决策支持系统研发

喀斯特地区的土地石漠化严重威胁着喀斯特山区的生态安全与社会发展。石漠化是脆弱的喀斯特生态系统叠加不合理的人类活动的结果。研究建立岩溶地区石漠化预警与决策支持系统，有利于分析石漠化发展变化规律，进而对石漠化进行有效治理与科学防范。

1. 定义及发展

所谓预警就是指对某一警素的现状和未来进行测度，预报不正常状态的时空范围和危害程度，以及提出防范措施（袁贤祯，1998；胡鹏，2003）。

近代"预警"一词最早出现在军事领域，是军事学中的一个俗语，其原义是指在敌人进攻之前发出警报，以做好防守应战的准备（孔繁涛，2008）。20世纪50年代左右，随着计算机、雷达的出现和应用以及战争的需要，诞生了雷达预警系统，并在此基础上正式提出了"科学预警"的概念，随后，"科学预警"的思想和方法迅速向各个领域延伸，被广泛地应用于经济、社会、人口、资源、环境等各个方面。20世纪70年代以来，特别是1973年的"石油危机"以后，人口问题、粮食问题、资源问题、能源问题和环境问题日益突出，人们更加重视对这些问题的监测分析和预警。最早的预警研究主要针对突发灾害，且主要应用于自然科学中，人们熟知的地震预报预警和气象预报预警就是成功的范例。随着预警理论及方法的逐渐成熟和系统动力学、"3S"技术、遥感以及计算机技术的迅速发展及全球生态环境、资源、粮食等问题日益严峻，科学预警的思想和方法在世界各国各领域得到了更广泛的应用。国内近十几年来预警思想已在水利、水文、地质、气象、生态、病虫害的防治、地震等各个方面都有了从无到有、从浅到深的发展，涌现了大量的研究成果（文俊，2006；文传甲，1997）。我国在生态地质灾害方面的预警主要涉及荒漠化的预警（王君厚等，2001；卞建民等，2001）。

决策支持系统（Decision Supporting System，DSS）的严格定义一直是个值得探讨的问题。1971年，Scott Morton和Gorry首次提出DSS的概念（高洪深，2005），DSS将人们的智能资源与计算机的功能相结合，以改进决策质量，DSS是一种处理半结构化问题，为决策者服务的基于计算机的支持系统；李书涛（1996）认为决策支持系统是以现代信息技术为手段，综合运用计算机技术、管理科学、经济数学、人工智能技术等多种学科知识，针对某一类型的半结构化决策问题，通过提供背景材料、协助明确问题、修改完善模型、列举可能方案等方式，为管理者做出正确决策提供帮助的人机交互式系统；胡于进等（2006）提出，决策支持系统是以管理科学、运筹学、控制论和行为科学为基础，以计算机技术、仿真技术和信息技术为手段，针对半结构化的决策问题，支持决策活动的具有智能作用的人机系统，系统能够为决策者提供决策所需的数据、信息和背景材料，帮助明确决策目标和进行问题的识别，建立或修改决策模型，提供各种备选方案，并且对各种方案进行评价和优选，通过人机交互功能进行分析、比较和判断，为正确决策提供必要的支持。

对于决策支持系统的应用，近十几年来国内研究也不少。如席酋民提出的关于三峡工程决策支持系统的总体设想（方大春，2004），翁文斌等（1992）先后研制的京津唐水资

源规划决策支持，以及三峡水环境空间决策支持系统等。主要应用在以下几方面
(Jankowski et al.，2006)：①政府宏观经济管理和公共管理问题；②水资源调配与防洪
预警系统；③产业(或行业)规划与管理、各类资源开发与利用决策；④生态和环境控制
系统的决策以及自然灾害的预防管理；⑤金融系统的投资决策与风险分析与管理；⑥企
业生产运作管理的决策。

2. 喀斯特石漠化预警与决策支持系统

目前，关于国内对石漠化预警与决策支持系统的研究，中国科学院胡宝清教授
(2005，2008)取得了一些成果，研究方法是先确定石漠化预警因子或建立预警指标体系，
应用数学方法及计算机对其分析，通过数据的分析结果或者建立人工神经网络模型对石
漠化程度进行预警。但是现有的研究仅是对石漠化等级程度进行一个简单预测。张勇荣
等(2012)建立了喀斯特石漠化综合防治空间决策支持系统，主要构建了石漠化强度现状
分析模型、石漠化发生率计算模型、石漠化年变化率分析模型。根据喀斯特生态环境系
统的演变过程及石漠化灾害的成因，通过监测预警评价因子，确立喀斯特石漠化监测预
警评价指标体系，在石漠化发展趋势的基础上设计喀斯特石漠化监测预警系统。主要指
标选取植被覆盖率、基岩裸露率、坡度、土地覆被、平均土厚、岩性、农业人口密度等
(曹水等，2013)。

综上，石漠化预警与决策支持系统基本都基于"3S"技术，通过诊断喀斯特石漠化
发生、发展过程和驱动机制，进行喀斯特石漠化发生率的预警分析；设计喀斯特石漠化
预警与决策支持系统，构建石漠化预警模型，为喀斯特石漠化区的人类活动和防灾减灾
提供科学依据。

1.3　喀斯特石漠化生态恢复与优化调控

1.3.1　人类活动定量研究

人类活动对地球的影响范围和强度不断增长，人类已经成为地球生态系统的主宰者
(Vitousek，1997)。诺贝尔奖获得者 Crutzen 等(2002)提出"人类世"的概念，将自
1786 年瓦特发明蒸汽机以来的时期作为一个新的地质时代，他把当今地质时代叫作"人
类世"，以强调人类在地质和生态中的核心作用。人类世的提出，是鉴于当前环境的恶
化，并承认人类活动的重要性，并由此引申出一个新的学科，即"可持续发展科学"(刘
东升，2003)。"人地关系地域系统"是地理学研究的核心(吴传均，1991)，地理学的研
究重点应放在各圈层的相互作用及其与人类活动主导的智慧圈的耦合和联动上
(Lubchenco，1998)。

为了确切了解人类活动对生态环境的影响强度与方向，需要对人类活动强度进行定
性与定量相结合的研究，一是对环境现状的有关指标进行量化，二是确定相关指标的阈
值。量化人类活动强度，确定人类活动环境影响的临界阈值，调控人类活动类型、方式
和强度，把人类活动对环境演化的影响导向正向良性循环，是研究人类对生态环境影响
的最终目的(魏建兵等，2006)。陈国奇等(2011)认为人类活动是导致生物均质化的主要

因素。张翠云等(2004)通过对黑河流域上、中、下游人类活动强度的定量评价,分析了人类活动对水循环演化的影响,探讨了流域生态环境退化的原因。梁发超等(2011)通过对福建省闽清县人类干扰强度的定量分析与生态功能区优化研究,指出人类干扰强度最大的区域也是生态系统最脆弱和生态保护的重点地区。孙永光等(2012)通过研究大洋河口湿地人为干扰时空动态及景观响应发现,人为干扰度的空间分布与景观复杂性和异质性具有较好的相关性。因此,定量监测人类活动强度的时空分异规律对研究生态系统演化过程具有重要意义。

地质岩性是喀斯特环境的物质基础,气候条件是喀斯特环境形成的基本动力,人为活动直接影响了喀斯特环境中的土地利用形式、植被覆盖程度以及土壤发育(杨胜天等,2000),因此人类活动对石漠化的发展负有不可推卸的责任。人类活动对石漠化的影响过程是人类活动—林退、草毁—陡坡开荒—土壤冲刷—耕地减少—石山、半石山裸露,最后形成完全石漠化的发展模式。除了人口膨胀造成对陡坡、原始林地和草地的开垦,极易造成水土流失之外,人口素质低形成的长期的粗放经营使地力消耗过大,从而降低土壤肥力;矿石资源的露天开采严重破坏了地表植被和地貌,形成土地荒芜、水土流失、基岩裸露的矿业荒漠化景观;农村基建工程和旅游行业也对石漠化带来一定负面影响(李瑞玲等,2002)。

以贵州石漠化过程中人为因素为例,关于时间目前有几种提法,一种是以20世纪六七十年代作为比较的起点,认为此前,全省森林覆盖率可达45%左右,而到80年代森林覆盖率已降至12.6%(李瑞玲等,2002;苏维词等,1995)。有的学者也提到20世纪六七十年代中期乱砍滥伐和陡坡开荒,导致森林覆盖率急速下降,造成严重的水土流失,从而导致石漠化(王世杰,2002)。有的学者认为,贵州自20世纪20年代以来,森林先后遭到四次较大规模的破坏:第一次是20年代至40年代的战争;第二次是50年代末"大炼钢铁"高潮使大片原始林、次生林毁于一旦;第三次是"文化大革命"时期"以粮为纲"大搞开山造田,大肆砍伐林木;第四次是70年代末至80年代初,由于农村经济变动,使林木再次遭到严重破坏(姚长宏等,2001)。

喻理飞等(2002)研究了贵州喀斯特森林发生退化的原因,对火烧、开垦、放牧和樵采四种人为干扰方式与喀斯特森林群落退化关系进行定量评价,认为干扰群落退化度从小到大排序为樵采、开垦、放牧、火烧;黄秋燕等(2008)选取了人口密度、经济密度、土地利用程度、离民居点和道路的距离等因素,定量研究了喀斯特石漠化发生率与人类活动强度的关系。因此,对喀斯特退化生态系统的恢复重建,最重要的还是应着眼于人为干扰的合理引导,结合喀斯特山区特点实行合理的耕作制度和方式,严禁乱砍滥伐、陡坡开垦、过度放牧和放火烧山等。

1.3.2　喀斯特石漠化综合治理模式与技术

1. 喀斯特石漠化地区生态恢复

生态恢复作为一种新的思想,最早是由 Leppold 于 1935 年提出的。1935 年在 Leppold 的指导下,美国威斯康星州 Madison 边缘一块废弃农场上种植了高草草原,如今这 24hm² 的草地已成为威斯康星大学具有美学和生态学双重意义的植物园(张光富等,

2000)。生态恢复是相对生态破坏而言的。针对我国目前的退化生态系统状况及社会经济背景，生态恢复要与社会经济发展相协调，就要在整治退化生态系统的同时，为社会经济的发展提供可持续利用的自然资源。而生态恢复的目的就是使系统恢复必要的功能并具有自我维持的能力。因此生态系统有可能使其自身恢复到原先的状态，但由于自然条件十分复杂，人类社会对自然资源的利用又具有选择性，因此生态恢复并不意味着所有场合下都能够使受损的生态系统恢复到原有的状态，也不能做到这一点，因此生态恢复的本质是恢复生态系统的自我维持功能，即恢复其合理的结构、高效的功能和协调的关系。

社会经济的发展引起脆弱的喀斯特地区生态环境失衡，导致了生态经济的恶性循环，成为阻碍中国西南地区社会经济发展的重要因素。在环境和发展成为世界主题的背景下，中国开展了一系列适合于喀斯特地区的生态环境综合治理，提出了许多具有中国特色的开发治理模式，取得了一些成功的经验。例如，1983 年起，贵州省先后对普定县蒙铺河小流域、水城县俄脚河小流域和毕节市观音河小流域开展以水土保持为核心的综合治理，经过治理，初步形成了综合防护体系，逐步控制了严重的水土流失，改善了农业生产条件；1997 年，周际柞主持完成贵州喀斯特山区生态环境保护及改善恢复途径研究，提出了喀斯特环境保护、恢复、重建三模式，及相应的可实现途径和调控措施；2000 年，杨明德主持完成典型喀斯特石山脆弱生态环境治理与可持续发展示范研究，找到了一个在贫困石漠化山地改善生态环境、发展特色产业的顶坛模式，同年王世杰主持完成贵州喀斯特石山生态脆弱区综合治理与脱贫示范研究，建立了"诸葛菜＋牛"模式开发基地，均取得了初步成效；2002 年，在广西壮族自治区天等县进行石山区生态综合治理试验，明显改善了试验区的小气候环境，水土流失初步得到了遏制。在关岭－贞丰花江示范区，以花椒的种植为切入点，沼气建设为纽带，养殖业为主要内容，建立了"猪—沼—椒"能源农业模式。该模式对花江峡谷区石漠化治理取得明显成效，但由于养殖饲料主要靠市场供给，影响了其自身的良性循环，王家录等（2006）在此模式的基础上试验示范"草—鹅—沼"模式，作为"猪—沼—椒"模式的完善、补充。2008 年，胡宝清等（2008）把喀斯特地区农村特色生态经济建设中各个地区的生态经济状况与不同模式实施形成的技术路线差异相结合，总结出毕节模式、平果模式、晴隆模式等 10 个模式，生态环境治理取得一定成效。

2. 喀斯特石漠化综合防治模式

在自然因素和人为作用的相互影响下，人地矛盾日益尖锐，成为社会经济发展的重大阻碍。石漠化治理的原则有全面规划、综合治理、因地制宜，分类指导、转变思路、创新模式、依靠科技，运用成果、严格管理，精心组织。石漠化是土地退化的极端形式，石漠化的过程是地表植被的丧失过程，植被覆盖度是衡量石漠化治理成效的根本标志。石漠化科学治理要以岩溶石漠化土地的生态修复为重点，将林草植被恢复重建作为石漠化综合治理的主攻方向（丁献文，2014）。

目前我国的生态环境问题已引起人们广泛的关注和讨论，西南喀斯特地区的生态环境日益严重。蔡运龙（1999）认为在人口增长和经济发展的压力下，让退化的土地自然恢复的思路已不切实际，必须通过社会投入对退化土地进行生态重建。这种研究与国际喀斯特环境研究、土地利用/土地覆被变化、土地利用优化和景观生态学的研究进展一致。郭柯等(2011)认为石漠化问题严重，植被恢复重建的难度极大。为此，近年来开展了许多基础性研究，为石漠化治理提供科技支撑。蔡运龙(1996)认为只有深入认识导致岩溶地区环境退化的自然因素和人为因素，准确模拟环境退化过程，找出打破恶性循环的关键环节，才能搞好生态重建，增强当地人民的自我发展能力，实现"生态—经济"良性循环，从而根本消除贫困。覃小群等(2006)结合实际分析了石漠化形成的自然因素和人为因素，对石漠化环境质量从生态、水资源、土壤、土地生产力和灾害情况等方面进行了评价，分析了不同环境下石漠化综合治理模式和方法，揭示石漠化与水土资源的相关性；还探索了石漠化区生态恢复技术及水土地资源合理利用途径，提出开展石漠化综合治理工程的效益评价。梅再美等(2000)从理论上阐述了喀斯特山区生态恢复与重建的基本措施和模式，并结合实例分析了它们所能产生的环境效益，提出了加快贵州喀斯特山区生态恢复与重建的主要对策和建议。刘艳等(2012)总结了石漠化治理的典型经验，针对治理中存在的问题，提出了加大宣传力度、控制人口增长、提高人口素质以及建立行之有效的管理机制等建议。周小舟等(2003)认为只有把喀斯特生态系统作为一个有机的整体，科学地进行综合开发治理，方能最终达成石漠化生态系统正向演替的目标。

卢峰(2012)提出林草植被恢复、后续产业开发、喀斯特特色旅游、生态搬迁与培训四种石漠化土地治理模式。邓菊芬等(2009)指出石漠化土地在云南省各地州市均有分布，不同地区石漠化分布规模和危害程度不同，总结出封山育林植被恢复、草地畜牧业、生态移民模式，以及坡改梯、立体生态农业和"养殖—沼气—种植"三位一体的生态农业模式。高渐飞等(2011)对流域内部分耕地，以坡耕地林—草，林—粮，粮—草间作及轮作复合经营作为高人口压力下生态建设的突破口，以水资源提取—高位水池—管网调度利用为核心，建立了城郊型混农林草牧(禽)业模式，初步形成引领小流域农村经济发展的生态产业。苏维词(2002)等认为恢复植被是西南岩溶山区石漠化治理的关键环节，并提出四种不同的治理模式：岩溶石山封山育林恢复植被模式；岩溶石山、半石山人工促进封山育林育灌恢复植被模式；岩溶半石山乔灌混交防护林建植模式；岩溶半石山生态经济林治理模式。

根据目前所有治理模式和采取的技术，可以将石漠化治理分为七部分：林草植被恢复模式、草食畜牧业发展模式、水土保持模式、生态农业模式、生态移民模式、建立生态保护区开发旅游模式、综合治理模式。

1)林草植被恢复模式

根据各地的岩性、地貌及岩石裸露率等，因地制宜地采取林草植被恢复治理模式。草本植物恢复很快，总体上草本植物的盖度和多样性呈逐年增加的趋势，与木本植物共同发挥水土保持效益，且这个效益十分明显，尤其是草本植物对表层土壤的保护非常有效，固土保水作用明显，解决了一下雨就产生土壤侵蚀的问题。随着经营年限的增加，自然抛荒、人工种植木豆、毛竹、板栗＋金银花、任豆、桂牧一号牧草等六种退耕还林(草)模式都使土壤肥力、生物生产力明显提高，对水土保持最好的是自然抛荒，其次是牧草、板栗＋金银花、毛竹和木豆。

2)草食畜牧业发展模式

以草带林带粮,进行草农牧林结合,短期内可保持水土,远期则可开发林木资源。利用种草来发展畜牧业,并结合农作物秸秆和饲料,对牛马改放养为舍养,形成"畜多—肥料多—收入多"的良性循环,对喀斯特地区的生态治理、经济发展大有帮助。以县草地畜牧开发中心(简称中心)为枢纽,以扶贫开发为核心,以利益共享为原则的"晴隆模式"成为贵州乃至中国南方岩溶区草地畜牧业的典范。"晴隆模式"具有"五个子模式"以及"四个运行机制","长顺模式"在资金结构、运营模式、土地流转和滚动发展等方面也有其特色,两种模式发展具有显著的经济效益、生态效益和社会效益。

3)水土保持模式

喀斯特山区土层普遍较薄,岩石的裂隙发育,在降水的作用下容易发生土壤侵蚀,降水下渗,导致土地资源退化,地表严重干旱,因此必须强化水土保持。熊康宁等(2011)提出喀斯特地区水土保持应以小流域为单元进行综合治理,科学统一规划,实施生物措施、工程措施、耕作措施和管理措施。毕节石漠化综合治理区进行连续四年的生态监测,土壤肥力增加,土壤结构得到改良,林草植被覆盖度提高,局地小气候得到改善。

4)生态农业模式

实施的治理石漠化的几种生态农业发展模式为:花椒—养猪—沼气模式、砂仁—养猪—沼气模式、传统粮经作物(玉米、花生等)—砂仁、花椒套种模式、粮食作物(玉米)—经济作物(黄豆)—牧草轮作模式、果树(火龙果、澳洲坚果)—药材(金银花、苦丁茶)模式、水源林—牧草—畜禽模式。推行"猪—沼—椒"模式是将传统旱作玉米改种花椒,利用花椒的收入购进粮食和饲料养猪,猪粪制沼气,废渣还土,保证有足够有机肥回归土壤,形成"植物—动物—土壤"循环系统。

5)生态移民模式

环境移民是指由于资源匮乏、生存环境恶劣、生活贫困,不具备现有生产力诸要素合理结合的强度石漠化地区,无法吸收大量剩余劳动力而引发的人口迁移。其实质是将人口结构进行调整以及再分配,根据土地资源合理改善喀斯特地区生态环境和经济落后的问题。一是可以减轻人类对原本脆弱的生态环境的继续破坏;二是可以通过易地开发逐步改善贫困人口的生存状态;三是减小自然保护区的人口压力,使自然景观、自然生态和生物多样性得到有效保护,实现生存环境恶劣的喀斯特地区社会经济与资源环境的协调可持续发展。

6)建立生态保护区开发旅游模式

喀斯特景观具有许多开发利用价值,如教育价值、探险价值、美学价值等。贵州喀斯特旅游资源丰富,是迷人的"天然公园",在石漠化防治工作中,可大力开展生态旅游,实现旅游开发与生态建设的互动发展。在有条件的地区建立多功能的"国家公园"

式保护区，发展民俗旅游业，带动民俗旅游资源的传承保护工作，从而带动当地经济发展，提高当地人民的生活水平。

7)综合治理模式

按系统论思想和方法，以不同等级石漠化综合治理技术开发为对策，对强度石漠化环境封山育林与人工辅助生态修复，中度石漠化环境速生高效林灌草种植与生态演替诱导，轻度石漠化环境林草优化配置及草地畜牧业配套，潜在石漠化环境水土保持与混农林业复合经营，提出喀斯特高原山地潜在－轻度石漠化防治和混农林业复合经营模式与技术集成，喀斯特高原盆地轻－中度石漠化治理和生态产业集约经营模式与技术集成，喀斯特高原峡谷中－强度石漠化治理和生态建设循环经营模式与技术集成。

专家学者对石漠化综合防治模式和技术构建做出了大量的研究与尝试，获得了较为显著的成果，为后续的石漠化治理提供了依据和示范。但是，西南地区地形地势复杂，石漠化等级参差不齐，不能单独套用某一种石漠化治理方式进行简单的治理，而应该因地制宜，具体问题具体分析，综合利用所有的石漠化综合防治模式和技术构建，选择适宜的模式进行有效的治理。在未来的研究中，石漠化治理应结合"3S"技术，研究喀斯特石漠化时空演变过程，讨论生态恢复的人为干预响应，最后做到石漠化预警与空间决策支持，完成全面综合治理与防治石漠化的目标。

1.3.3 喀斯特石漠化区生态系统健康诊断研究

生态系统健康的概念是由 Rapport 提出的，他认为生态系统健康应该从三个方面分析：活力、组织结构、恢复力(宋延巍，2006)。随后 Costanza 提出健康的生态系统应具有内部自动平衡性、无疾病、多样性和复杂性并存、恢复性高、活力强或增长空间大、系统要素间均衡 6 个方面的特征(邱彭华，2009)。Schaeffer 阐述了关于生态系统健康的度量问题，但是以 Policansky 和 Sutre 为代表的研究者对生态系统健康概念提出了相反的观点(谢恩年，2009)。

我国虽然在生态系统健康方面的研究起步较晚，但是随着改革开放、科学技术和知识领域的蓬勃发展，生态系统健康方面的探究也出现了百家争鸣、百花齐放的学术氛围。从研究内容上看主要集中在三个方面：第一，生态系统健康的概念、定义及相关理论的发展过程，生态系统健康和可持续发展与环境保护等之间的相互关系；第二，对不同种类的生态系统的健康评价；第三，对生态系统健康评价方法及评价指标体系的构建。

国内外对喀斯特生态系统及其相关问题的研究基本上是同步的。近几十年，随着喀斯特地区生态环境退化日益严峻，国内外对喀斯特石漠化的研究重点有了明显的变化，从侧重石漠化的形成、背景、演化机制(王世杰等，2003)、驱动力因子(胡宝清等，2004)等的研究发展到对整个喀斯特生态系统的脆弱性和人类活动对喀斯特石漠化的影响、喀斯特生态文明的重建(谭明，1993；Bogli，1980)等方面的研究，但是目前对喀斯特生态系统健康的研究依然较少。曹欢等(2009)通过定性和定量分析建立了一套相对完整的评价指标体系，采用因子分析法进一步筛选评价指标，应用熵权法赋予指标权重，采用模糊数学方法构建评价模型，并对毕节地区喀斯特生态系统健康状态进行了实例研究。张凤太等(2011)依据生态赤字占人均生态足迹比例，建立了基于生态足迹的喀斯特高原山地生态系统健康评价标准。邵枝新等(2011)从生态景观的结构退化、功能退化和环境污染等 3 个方面选择了 21 个评价指标,组成喀斯特地区生态景观退化评价诊断指标体系,并制定诊断评价标准,借助集对分析方法,以毕节地区为例进行分析。周文龙等(2013)在参考国内相关研究的基础上,根据云台山喀斯特生态系统的特点及世界自然遗产的要求标准,基于以"子系统—系统整体"框架为基础初步建立了一套基于云台山喀斯特生态系统健康评价指标体系,并对云台山喀斯特生态系统健康评价进行了初步探索。孙树婷(2014)详细分析了喀斯特石漠化综合治理区的脆弱地理背景,同时结合数据的可获取性,构建喀斯特生态系统健康评价体系,运用 RS 和 GIS 手段进行资料收集、数值模拟、空间信息提取等,最后构建了适合示范区的评价模型,对其进行生态系统健康的定量评价,并结合典型石漠化防治工程,探讨其对生态系统健康的影响。陈圣子等(2015)以贵州省花江石漠化综合治理示范区为例,运用遥感影像解译方法,结合社会调查与水文气象监测数据,从生态环境支撑系统、资源环境支撑系统和社会经济支撑系统三个方面,构建了石漠化治理过程中生态系统健康变化诊断指标体系,在格网 GIS 技术支持下,对各诊断指标实现 5 m×5 m 尺度的网格化表达,运用栅格数据的空间叠加方法实现生态系统健康模型诊断,揭示石漠化治理过程中生态系统健康的时间动态与空间格局。

1.3.4　喀斯特石漠化综合防治工程优化评价与调控

石漠化工程是通过人为活动抑制石漠化的加剧发展。喀斯特石漠化综合防治工程能够改善当地脆弱的生态环境,但是需要进一步优化调控,使其一方面能够更好地发挥治理作用,从而达到治理效果,另一方面为建立治理模式打下坚实的基础。

近年来,有不少专家学者对喀斯特石漠化地区防治措施做了评价研究。赵敬钊(2007)以湄潭县为研究区域,强调了森林资源保护和合理开发利用,继续稳步推进退耕还林还草工程和以民为本、政策惠农的优化措施。左兴俊等(2010)以贵州省典型喀斯特石漠化治理模式为研究对象,选取生态效益、社会效益经济效益和模式推广前景为评价指标,构建了喀斯特石漠化治理模式效益评价指标体系;同时,选取较为典型的喀斯特石漠化治理模式——花江"顶坛模式"和清镇"王家寨-羊昌洞小流域综合治理模式"为评价对象,采用层次分析、分级赋值、综合评价的方法,对两个模式进行了初步评价。张浩等(2012)研究了种草养畜"晴隆模式"的效果与问题,提出了加大草地建设力度的优化局面,促进生态效益与经济效益双丰收;同时指出应增加草地固碳能力,减少畜牧业排碳,促成生态效益与经济效益双赢的优化局面。

石漠化治理工程配置优化度评价并非是静止的,一成不变的,需要根据示范区的自然条件、经济社会条件等不断进行调整,不仅要考虑喀斯特地区的经济效益,还要考虑石漠化治理效果。只有把防治的工程配置实行优化,才能发挥其最大的作用。因此,工程配置优化是改善喀斯特地区综合状况的关键所在,不但能够确保喀斯特地区发展更加合理,而且可以改善石漠化状况。但是,关于喀斯特地区石漠化工程配置的优化度评价的问题没有过多的研究与讨论。因此,根据喀斯特山区不同生态环境和人文环境等特点,探究适宜喀斯特地区综合治理工程配置优化度评价模型,将其推广运用于工程评价和实施,是现阶段关键性科技问题。

第 2 章 典型喀斯特生态表征与人类活动

2.1 研究区典型性与代表性分析

2.1.1 典型研究区选取原则

在贵州分布最广泛的地貌(尤其是在喀斯特地区)主要是高原和峡谷,分析和对比全省的高原区和峡谷区,是一个巨大的工作量,同时也受到一些限制,如数据获取困难。因此,需根据一定的原则选取具有典型性和示范性的样区进行研究(兰安军,2002),具体原则如下。

1. 区域地貌类型的典型性

喀斯特高原区的划分标准为:一是地理位置处于各大河的分水岭区高原面上;二是山地面积比重小于 50%;三是平均海拔大于 900 m。喀斯特峡谷区的划分标准为:一是地理位置靠近大江大河;二是各县的山地面积比重大于 50%;三是平均海拔小于 900 m。喀斯特地貌类型从高原到峡谷,呈现出的生态环境也随之出现明显的变化(兰安军,2002)。贵州处于长江和珠江水系的分水岭,主要表现为西部高、中间低,分别向北部、东部和南部逐渐过渡,隆起于四川盆地和广西丘陵之间的亚热带喀斯特高原山地地区,全省平均海拔 1100 m,最大高差达到 2763 m(陈洪云,2007),高原-峡谷地质结构是贵州喀斯特高原地区一个普遍的地质特征。因此,在选择样区时,应该要充分考虑到研究区在整个贵州省地质结构中的典型性和示范性。

2. 人地系统特征的典型性

喀斯特地区特殊的自然背景决定了它的脆弱性,其脆弱性除了自然因素以外,还有人为因素。从社会角度看,山地斜坡地带强烈的地形变化导致了社会、经济的封闭和落后。岩溶生态环境与“老、少、偏、穷”人文环境一起构成脆弱的人地系统(李阳兵等,2002)。人地关系表现的日益突出,人地矛盾也是影响喀斯特环境脆弱的一个重要因素,因此,在选取研究区时,也要考虑人地矛盾的特点。

3. 喀斯特传统农业共性的典型性

贵州地区是典型的传统农耕区,农业在全省的经济结构中占极高的比例,长期以来喀斯特山区的种植业在传统农业结构中占绝对优势,形成典型的喀斯特农业。因为特殊的地理背景,在农业方面表现出经济薄弱、生产力水平低下,长期以来单一的农耕,使经济发展更加缓慢。另外,人口压力的增长,土地大面积的开垦,导致山地、丘陵的林地面积被破坏,耕地数量不断增加,引起水土流失,使浅薄的土层更加浅薄,造成石漠化(陈洪云，2007)。因此，在选择研究区是要考虑喀斯特传统农业的共性。

4. 石漠化问题的典型性

喀斯特地区的石漠化不仅是自然因素，还包括人为因素，土地石漠化问题主要是由于人口增长和经济发展超过了环境的容量而引起的(周常萍等，2005)。目前，西南地区岩石裸露率大于 50% 的石漠化严重的面积达到 7.55 万 km^2，占总面积的 13%，而且石漠化的速度在不断增加，遥感调查发现，石漠化发展的速度达到 2.11%(蒋忠诚等，2003)。因此在考虑研究区的时候，要考虑到是否具有典型的石漠化。

2.1.2　研究区典型性与代表性分析

贵州高原多山，地势西高东低，具有明显的三级阶梯。同时，贵州地势由西中部向北、东、南三面倾斜，导致高原主要河流由中西部向北、东、南呈帚状散流。受地质构造与河流强烈的侵蚀切割双重作用影响，除上游分水岭地区未受溯源侵蚀而使高原地貌保存较好之外，中下游地区大多河谷深切，山高谷深，相对高差达 500~700 m，有的甚至超过 1000 m，形成峡谷和嶂谷，如著名的乌江中游与下游峡谷，南、北盘江及红水河峡谷，高原与峡谷形成明显的地势反差(王恒松，2009)。喀斯特地貌类型从高原到峡谷，呈现出峰林盆地—峰林谷地—峰林洼地—峰林峡谷的组合地貌逐类区带分布(熊康宁，2011)。因此，研究区选择在贵州的两种典型喀斯特单元，分别是清镇高原盆地和关岭－贞丰花江高原峡谷，代表了不同的地貌区(高原盆地区、高原峡谷区)、不同的气候类型(高原湿润气候、干热河谷气候)、不同的喀斯特发育类型和不同的主要人为活动方式(生态畜牧、经济林)。地貌形态组合在贵州喀斯特地区具有典型代表性。

1. 关岭－贞丰花江喀斯特高原峡谷中－强度石漠化综合治理示范区

关岭－贞丰花江喀斯特石漠化综合治理示范区，简称"花江示范区"，为喀斯特高原峡谷区的典型代表，位于贵州省西南部的关岭县以南、贞丰县以北的北盘江花江峡谷两岸，辖北盘江镇的查耳岩、银洞湾和板贵乡的木工、峡谷、坝山共 5 个行政村以及花江镇五里村的法郎、干耳盘 2 个村民组(图 2-1~图 2-4)。示范区总面积 51.62 km^2，喀斯特面积 45.38 km^2，占总面积的 87.92%，2013 年石漠化面积占示范区总面积的 71.81%，以中－强度石漠化为主。地势西高东低，最高海拔 1450 m，最低海拔 650 m，花江峡谷发育在强岩溶化三叠系碳酸盐岩组(石灰岩、白云质灰岩及白云岩)为主的法郎向斜构造上，上三叠系的碎屑岩组分布范围小且厚度小，喀斯特地貌广布。花江主要为中三叠系和上三叠系地层，主要发育了赖石科组、竹杆坡组、瓦窑组、杨柳树组、垄头组。地貌以峰丛洼地、峰丛峡谷为主。土壤以潮泥土和沙壤土为主，成土缓慢，土壤肥力较低，土壤状况一般比较脆弱，基岩出露，石漠化程度严重，土壤较少，土层薄，分布不连续，农业产量较低。花江示范区生态环境十分脆弱，是喀斯特干热河谷生态环境的典型代表，年均温 18.4℃，年均极端最高气温为 32.4℃，年均极端最低气温为 6.6℃，年均降水量1100 mm，年均降水量时空分布不均。2001 年示范区总人口为 7102 人，人口密度 138 人/km^2；2013 年示范区总人口为 9030 人，人口密度 175 人/km^2，是喀斯特发育典型、人口压力大、资源开发强度高、生态退恶化严重、贫困化程度深的典型地区。

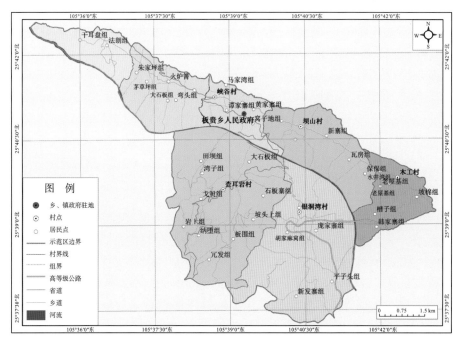

图 2-1 花江示范区行政区划图

图 2-2 花江示范区喀斯特高原峡谷

图 2-3　花江示范区法郎小流域石漠化景观

图 2-4　花江示范区板贵乡石漠化景观

2. 清镇红枫湖喀斯特高原盆地轻-中度石漠化综合治理示范区

清镇红枫湖喀斯特石漠化综合治理示范区，简称"清镇红枫湖示范区"，为喀斯特高原盆地区的典型代表，位于贵州中部清镇市西南部麦翁河流域两侧，东经 106°18′16″～106°23′16″，北纬 26°27′55″～26°34′46″，包括红枫镇的民乐村、右七村、骆家桥村、芦获村和站街镇的高山堡村、高乐村、毛家寨村（图 2-5～图 2-8），研究区总面积 60.41 km²，喀斯特面积占 95.1%。2013 年研究区总人口为 16 417 人，人口密度为 271 人/km²，高中以及高中以上的人数占总人数的 9.25%。示范区地貌为喀斯特低山丘陵、坝地，平均海拔为 1300 m，最高点在蜜蜂岩（1452 m），最低点在示范区内红枫湖湖面最低水位（1240 m）。地貌类型有峰丛谷地、峰丛洼地、侵蚀性岗丘宽谷、侵蚀性中山沟谷、岩溶化岗丘谷地。地质构造背景属于黔中地台与黔南凹陷过渡地带，以碳酸盐岩为主。土壤以黄色石灰土、黑色石灰土、黄泥土、黄壤为主。土壤表现出结构不良、质地黏、没有团粒结构，最典型的特质是土壤水分易挥发，吸水性低（王恒松，2009）。2006 年起，示范区开展了一系列的石漠化综合防治工程治理模式，但是经过研究发现，清镇喀斯特高原盆地区一直保持较高的石漠化年变化率，这在一定程度上说明石漠化越严重，治理越难，治理成效越不明显（陈起伟等，2014）；此外，示范区人口呈逐步增长的趋势，人口压力在一定程度上会引发土地利用的变化，必然会导致一系列生态环境的破坏，在人类活动强烈的地区更为明显。这些地区已形成中、轻度石漠化的区域。随着城市的发展，不断开山采石，石漠化程度不断加深，对区域社会经济发展及红枫湖旅游资源开发产生了不利的影响（熊康宁等，2010）。

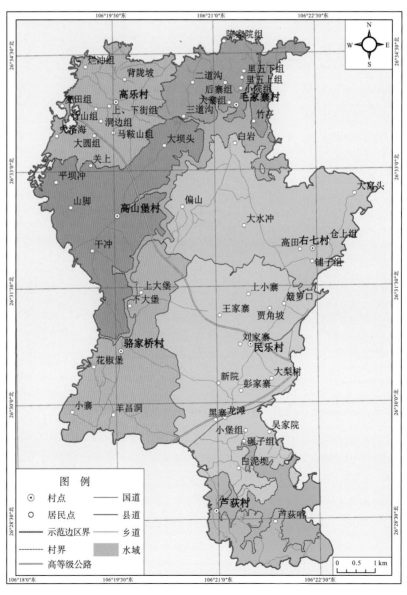

图 2-5　清镇红枫湖示范区行政区划图

图 2-6　清镇红枫湖示范区喀斯特高原盆地

图 2-7　清镇红枫湖王家寨小流域轻-中度石漠化

图 2-8　清镇红枫湖羊昌洞小流域的轻-中度石漠化

2.2 喀斯特石漠化遥感提取与处理

2.2.1 遥感影像数据与处理

遥感数据的获取受到遥感平台位置、运动状态变化(航高、航速、俯仰、翻滚、偏航)、地形起伏、地球表面曲率、大气折射、地球自转等的影响,影像质量也会在一定程度上受到影响。因此在利用遥感影像提取专题目标信息之前,通常需要对遥感影像进行预处理。遥感影像预处理是遥感影像处理的基础,在影像处理中占有重要地位,它的处理结果状况直接影响到后续工作。

日本先进陆地观测卫星 ALOS 主要应用于资源调查、灾害监测、区域环境观测、测绘等领域。ALOS 卫星载有三个传感器:可见光与近红外辐射计-2(AVNIR-2),用于资源调查、陆地观测;全色遥感立体测绘仪(PRISM),主要用于数字高程测绘;相控阵型 L 波段合成孔径雷达(PALSAR),用于全天时全天候对地观测。研究数据由中国科学院对地观测与数字地球科学中心提供,影像拍摄时间均为 2010 年 2 月 28 日,采用空间分辨率为 10 m 的多光谱影像和 2.5 m 的全色影像。本书将二者融合后的影像作为花江示范区 2010 年主要的遥感信息源。

SPOT 系列卫星是法国空间研究中心(CNES)研制的一种地球观测卫星系统,适用于制图、农业、林业、土地利用、水利、国防、环境、地质勘探等多个领域。SPOT6 使用 Reference3D,可获得定位精度达到 10 m(CE90)的自动正射影像,同步采集 1.5 m 全色和 6 m 多光谱。SPOT 卫星图像的分辨率可达 10~20 m,超过了"陆地卫星"系统,同时 SPOT 卫星可以拍摄立体像对,因而在绘制基本地形图和专题图方面有更广泛的应用(表 2-1)。

表 2-1 研究所使用的遥感数据

时相	传感器	波段设置	空间分辨率	轨道号
2000/11/23	ETM	8 个波段	30 m	—
2005/10/9	TM	7 个波段	30 m	127/42
2010/2/28	ALOS	4 个波段	2.5 m/10 m	21823/3085
2013/10/20	SPOT6	4 个波段	1.5 m/6 m	1736/1930

1. 影像几何校正

遥感图像经过遥感中心系统几何校正后,还需进行几何精校正,利用已知地面控制点的位置,使图像的各个像元在地面上精确定位,建立图像与地面同名地物点的准确映射关系(即构建数学模型),然后再利用这种关系把影像像元转化到校正的图像空间中,从而实现精校正。在图像的结合纠正过程中,需要对图像进行重采样,采样方法主要为邻近法、双线性和立方卷积。邻近法计算简单,效果没有双线性和立方卷积好。双线性与立方卷积法比较,后者比前者算法更复杂,但重采样效果最好。在投影变换中,选择的投影参数与空间参考标准为阿尔伯斯双标准纬线多圆锥投影(Albers conical-equal area),椭球体为 Krasovsky,第一标准纬线为 25°N,第二标准纬线为 47°N,投影带中央经线为 105°00′00″E,坐标系起始纬度为 0°,纵坐标西移 3×10^6 m,横坐标偏移 0 m。

2. 影像增强处理

遥感图像增强处理的主要目的是提高遥感图像的可解译性，依据增强的信息内容可分为波谱特征增强、空间特性增强及时间信息增强。波谱特征增强是突显遥感图像的灰度信息；空间特征增强是对遥感图像的边缘、线型、纹理进行增强处理；时间信息增强是针对不同时间拍摄的遥感图像进行处理，目的是获取在不同的时间内，遥感图像的波谱信息和空间特征。例如，滤波处理是增强图像中线与边缘的特性等。特定的图像增强处理方法往往只能使遥感影像某些信息突出，而另一部分信息受到压抑。这表明，很难找到一种处理方法在任何情况下都是最好的。实际工作中我们需要根据所获取的遥感影像数据特点，选择合理的图像增强方法。研究中常用的方法是卷积增强处理、辐射增强中的直方图均衡化、傅里叶变换等（沈涛等，2010；邓书斌，2010）。

3. 影像融合

喀斯特山区自然条件复杂，地表破碎、切割剧烈、可进入性差，并且环境差异特殊，给开发、治理、保护的决策与实施造成极大困难，因而使用遥感技术研究环境现状及其演化趋势尤为必要。高质量的影像数据能给我们提供资源优化开发、利用与环境保护的基础和依据。目前影像融合方法较多，常用的有 PCA 变换法、乘积融合法、比值融合法、IHS、小波变换等。本书采用 IHS 和小波变换组合的融合方法（图 2-9～图 2-13），将 ALOS 多光谱数据（AVNIR-2）与全色数据（PRISM）进行融合，以提高影像分辨率，增强影像利用广度，改善图像的目视效果、清晰度和凸显地貌纹理细节，并解决喀斯特山区受云雨等天气和复杂地形等条件所限制难以获取高质量影像的问题。

小波融合处理利用小波变换对高分辨率和多光谱影像进行分解重建，IHS 变换融合方法突出空间特征。因此，构建基于小波变换和 IHS 的两种变换的融合方法，可以有效地增强多光谱图像空间特征细节的表达，并保持多光谱图像的光谱信息。

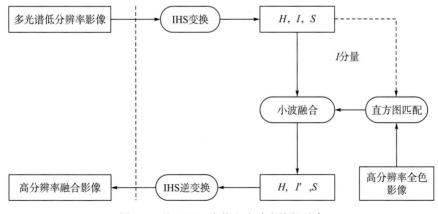

图 2-9　基于 IHS 变换和小波变换的融合

4. 影像镶嵌

在喀斯特山区，当研究区尺度较大时，很难保证获取的遥感影像处于同一时期，主要是由于云贵高原的喀斯特山区属于亚热带季风气候区，气候温和潮湿，多云、多雨、多雾，会因云、雾等客观因素而影响影像质量，使得获取的影像有时候处于不同的季节，图像之间的色调和纹理有一定的差异，这就需要对影像的预处理进行增强，除此之外还需要进行影像的镶嵌和裁剪处理，以期得到研究区较佳的影像数据。由于有些获取遥感的时间不一致，遥感影像的色调差别较大，会出现"同物异谱"和"同谱异物"的现象。运用 ENVI 镶嵌功能时，影像色调匹配是软件自动进行的，当选择的基准图不一致时，得到的镶嵌图质量也不一致。镶嵌重叠区域内如果有云、雾等其他影响因素，应尽量避开，使色调较好的影像处于上图层，且镶嵌图像在色调上保持清晰一致。

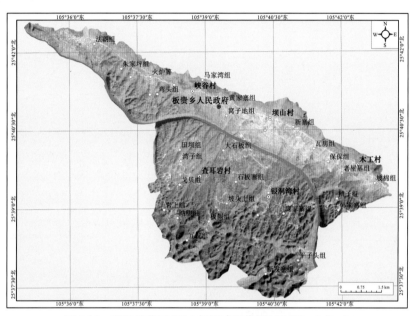

图 2-10　花江示范区 2010 年遥感影像图(ALOS，2.5 m)

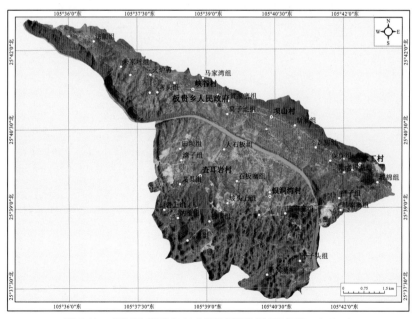

图 2-11　花江示范区 2013 年遥感影像图(SPOT6，1.5 m)

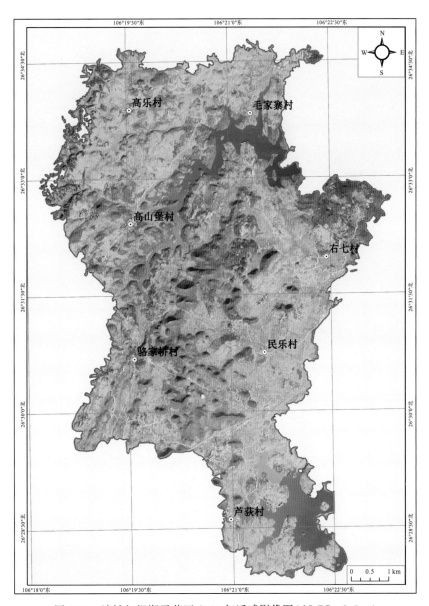

图 2-12　清镇红枫湖示范区 2010 年遥感影像图(ALOS，2.5 m)

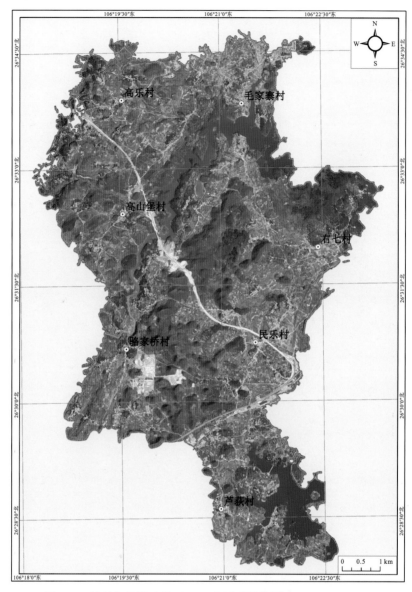

图 2-13   清镇红枫湖示范区 2013 年遥感影像图(SPOT6，1.5 m)

在进行影像镶嵌的时候，需要注意几个方面：①选择较佳波段组合，使影像的信息尽可能充实；②将影像进行叠加分析，偏离误差控制在 1.5 个像元内；③采用灰度相关功能进行图像调整，使镶嵌图像在色调上尽可能匹配。

5. 影像裁切

图像裁切是为了去除研究区之外的区域，常见方法有按照行政区划和按自然区划两种。在基础数据生产中，还要经常进行标准分幅裁剪，研究基于示范区边界生成感兴趣区域，然后使用"Basic Tools"中的"Subset data via ROIs"进行图像裁剪。

2.2.2 喀斯特石漠化生态特征遥感提取

地层和岩性信息来源于 1：20 万区域水文地质图，通过对示范区水文地质图矢量化提取地层和岩性信息；坡度、坡向和海拔高程信息来源于 1：1 万区域地形图，首先对地形图矢量化提取等高线信息，然后利用 ArcGIS 中的 "3D 分析模块" 将其转换成 DEM，进而提取坡度、坡向和高程数据；土壤类型主要来源于贵州省 1：20 万土壤类型分布图和实地调查数据，通过对其进行矢量化提取土壤类型数据。生态特征遥感提取技术如图 2-14 所示。

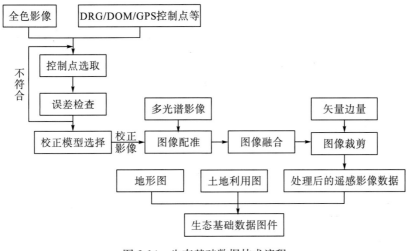

图 2-14 生态基础数据技术流程

2.3 喀斯特石漠化自然背景与生态环境

2.3.1 关岭-贞丰花江示范区自然背景

1. 地形地貌

花江峡谷发育在强岩溶化三叠系碳酸盐岩组(石灰岩、白云质灰岩及白云岩)为主的法郎向斜构造上，上三叠系的碎屑岩组分布范围小且厚度小，出露地层主要为中、上三叠系地层，有杨柳组、垄头组、碳酸盐岩组(石灰岩、白云质灰岩及白云岩)等，喀斯特地貌广布(图 2-15)。区内喀斯特面积占总面积的 87.92%，海拔 650～1450 m，相对高差 800 m，是贵州高原上一个典型的喀斯特峡谷区域。喀斯特地貌极为发育，地形破碎，峡谷深切，基岩裸露率平均达 85% 以上，坡度 25° 以上区域占全区面积 40%，大部分为强度以上石漠化土地。该区位于北盘江峡谷两侧，地表水不断向地下水转化过程中形成大量地面干谷、溶沟以及石芽，地貌以低中山河谷岩溶峰丛、台地为主。地貌组合类型分为：V 型峡谷区，丘峰台地区，侵蚀台地区，峰丛洼地区和溶蚀、侵蚀陡坡区五类(图 2-16)。北盘江北岸是典型峰丛和台地地貌，典型峰丛的峰顶海拔为 1200～1400 m。丘峰台地地貌中，溶丘散立在相对平坦的台地面上，在同一高度面上，局部形成侵蚀台

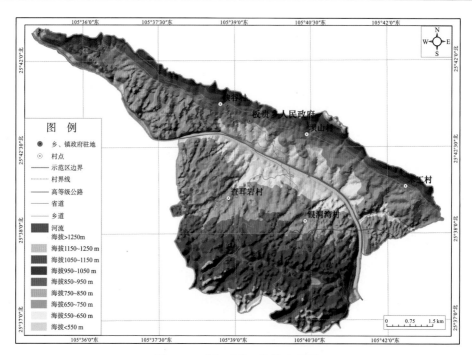

图 2-15　花江示范区海拔高程图

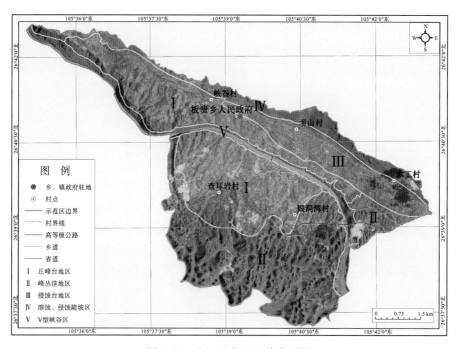

图 2-16　花江示范区地貌类型图

地，侵蚀切割后呈波状起伏的缓丘缓坡，覆盖较厚的土层而成为农耕地的集聚区。北盘江南岸发育了峰丛和峰丛深洼地地貌类型，锥峰相对高度为 100~150 m，坡度达 35°~55°，洼地深达 80~150 m，一般直径为 200~500 m，洼地中常有漏斗、落水洞发育，并堆积有较厚的土层，成为主要农耕地。花江示范区主要为中三叠系和上三叠系地层，主要发育了赖石科组、竹杆坡组、瓦窑组、杨柳组、垄头组。赖石科组和瓦窑组为碎屑岩组，归属于非喀斯特区。竹杆坡组为碳酸岩夹碎屑岩组，归属于半喀斯特区。杨柳树组和垄头组为灰岩夹白云岩质灰岩组和白云岩夹白云质灰岩组，均为碳酸岩组，占88.69%，分布范围广，归属于喀斯特区。非喀斯特区域岩性为泥灰岩夹砂质灰岩，集中于北盘江南岸侵蚀台地区域（张雅梅等，2003）。

2. 岩性

喀斯特石漠化分布与地质分区关系明显，但是喀斯特石漠化分布和严重程度与岩组有较大差别。地层岩性主要来源于贵州省 1：20 万区域水文地质图，通过对其进行矢量化提取地层岩性数据（图 2-17）。花江示范区内出露地层主要为中、上三叠统地层，有杨柳组、垄头组、碳酸盐岩组，质纯层厚，碳酸盐岩占 95% 以上，整个示范区处于高原面向北盘江倾斜的大缓坡上，峰丛洼地、峰丛谷地随处可见。花江示范区非喀斯特区域岩性为泥灰岩夹砂质灰岩，集中于北部侵蚀台地区域。

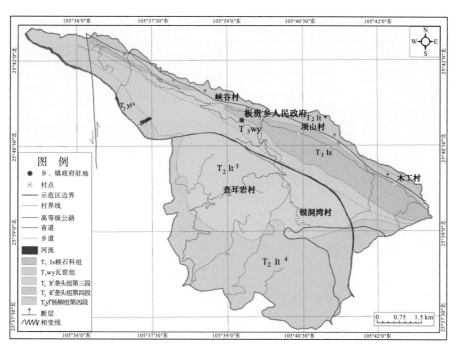

图 2-17　花江示范区岩性图

3. 气候水文

花江示范区属中亚热带低热河谷气候，冬春温暖干旱，夏秋湿热，热量资源丰富；年均温 18.4℃，年均降水量 1100 mm，5～10 月降水量占全年总降水量的 83%，但时空分布不均匀，多暴雨，频发内涝灾害，河谷深切，水资源利用难度大，地表水缺乏。花江峡谷海拔 850 m 以下为南亚热带干热河谷气候，900 m 以上为中亚热带河谷气候，喀斯特作用强烈，蒸发量达 1200～1300 mm，地表水严重缺乏，岩溶性干旱现象严重。

地下水的 30% 赋存在浅层包气带内,示范区浅层地下水总量达 $404 \times 10^4 \ m^3$,人均 590 m^3。示范区河谷深切,浅层地下水的埋深一般为 50~100 m,深的达 100 m 以上。区内喀斯特地下水资源空间分异明显。由于北岸喀斯特发育强度弱于南岸,喀斯特含水层的富水性弱于南岸,特别是北岸板贵乡韩家寨至木工沿坡上公路一带分布的赖石科组和瓦窑组为层状基岩裂隙水,富水性弱—中等,枯季径流模数为 1.01~1.81 L/(s·km²),水点流量均值为 0.3~0.87 L/s。在赖石科组和瓦窑组外围,是由岩性为灰色薄至中厚层粉晶灰岩、亮晶生物碎屑粉—砂质灰岩、生物屑黏土岩、钙质粉砂质黏土岩组成的竹杆坡组,其地下含水层属于溶洞裂隙水,富水性中等偏弱,枯季径流模数为 1.77~2.99 L/(s·km²),水点流量均值为 0.7~10.04 L/s。这一带因缺乏隔水层,地下水埋深极大,导致人畜用水十分困难。在整个示范区南部和板贵乡靠河谷一带(如孔落箐)及坡上公路上部陡峻的峰岭,主要分布着垄头组及其变相杨柳组,喀斯特十分发育,其地下水为喀斯特溶洞裂隙水或裂隙溶洞水,富水性中等,枯季径流模数为 5.05 L/(s·km²),水点流量均值为 4.03 L/s,地下水埋深 50~100 m,不少地区大于 100 m,甚至达到 300 m。浅层地下水出露点多,已查明的出水点有 41 个,水量季节变化明显,其中每年 11~12 月底枯季泉水总出水量达 7.2 L/s。这部分水源是示范区最具有开发价值的水资源(苏维词,2007)。花江示范区整体呈现暖干的趋势,气温升高不显著,年降水量的减少趋势显著,相关系数 R 为 0.4934(图 2-18 和图 2-19)。

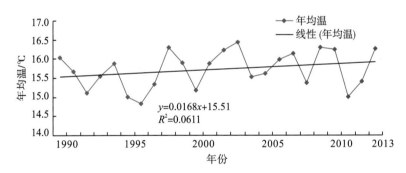

图 2-18　花江示范区年均温变化

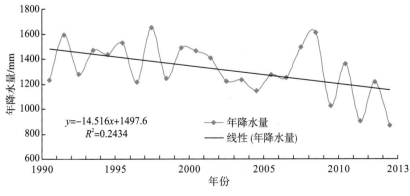

图 2-19　花江示范区年降水量变化

4. 土壤特征

花江示范区土壤以石灰土为主，连续性极差，表现出薄、瘦、干、黏、碱等特性，主要土壤类型分别为硅铝质薄层红壤、薄层黑色石灰土、薄层棕色石灰土、中层黄色石灰土、薄层黄色石灰土和黄色石旮旯土，面积分别为 0.18 km²、14.98 km²、11.5 km²、2.57 km²、0.21 km²、22.15 km²，分别占示范区总面积 0.35％、29.02％、22.29％、4.99％、0.41％、42.91％。总体上，土壤以石灰土为主，土壤结构不良、质地黏重、保水耐旱性差、缺乏团粒结构。区内宜耕地资源不足，中低产田土比例大，多为坡耕地，长期滥垦滥伐，重用轻养，土地生产力不断下降，土壤营养元素流失，土壤侵蚀状况严重。

示范区的土壤水、肥、热不平衡，富含钙质，Ca、Mg、Fe 等元素普遍含量高，而营养元素 N、P、K 多属贫乏级内，是营养元素失调、土壤生产力低、土地质量差的土壤。根据石灰土分布的生物气候条件、地形及成土过程，该区石灰土类型为黄色石灰土、红色石灰土和大泥土等 3 个亚类以及 7 个土属、15 个土种。喀斯特区主要为裸岩地、硅铝质黄壤、岩旮旯土和石灰土；半喀斯特区多为大泥土；非喀斯特区多为砂土、砂泥土、砂泥田、大泥田(图 2-20)(张雅梅等，2003)。

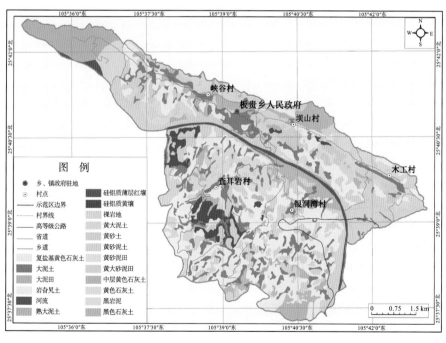

图 2-20 花江示范区土壤图

5. 植被特征

花江示范区为典型的重度石漠化地区，地表极为干旱，土壤稀薄且不连续，植物营养元素供应不足，植被覆盖率低。其原生性森林植被群落为常绿落叶阔叶混交林，由于人为的破坏，现存植被群落以耐旱耐瘠土的先锋树种为主。如花椒、构树等，乔灌层次不甚明显。区内植被具有明显的人为干扰带来的次生性性质，并且主要分布在山顶、陡坡、岩石裸露率极大且无开垦价值的地点(张雅梅等，2003)。示范区内主要粮食作物有玉米、水稻、小麦等；经济作物主要有花椒、金银花、砂仁、花生、桃等；自然植被主要属半湿润常绿阔叶林，主要有复羽叶栾树、香椿、构树、化香、白刺花、油桐、盐肤木、青冈栎、麻栎、云贵鹅耳枥、异叶鼠李、响叶杨、多种悬钩子、火棘、小叶女贞、竹叶椒、枫杨、仙人掌、铁线莲等；攀岩类木本植物有龙须藤、鸡矢藤、老虎刺、亮叶崖豆藤、野葛、毛葡萄、蛇葡萄、云实、地瓜藤、柱果铁线莲等；草本植物主要有皇竹草、荩草、石珍茅、狗尾草、金色狗尾草、茅叶荩草、黄茅、蒿类、三毛草、多种苔草、野草香、鬼针草、烟管头草、小蓬草、三脉紫菀、紫茎泽兰等，具有石生性、耐旱性和喜钙性的石灰岩植被种群生态特征。

2.3.2 关岭－贞丰花江示范区生态环境

基于遥感影像的喀斯特生态环境分析主要包括遥感影像图像分类、特征地物识别、地表生态特征提取。例如，土地利用是通过遥感影像解译，结合野外调查及相关国土资料不断修改完善得出的；植被覆盖度主要是通过对遥感数据进行归一化植被指数(NDVI)计算得出的，并结合林业资料和野外调查信息进行修正最终成图。基于遥感和GIS技术，按照喀斯特石漠化信息的提取方法(张凤太等，2008)，结合野外建标调查，深入研究花江示范区的石漠化分布状况，并生成石漠化空间格局图。

1. 土地利用分析

土地利用的方式和强度在一定程度上反映了人类活动对自然生态系统干扰的性质和过程，同时它又影响着土壤环境质量的变化。不同的土地利用方式和不同土地利用类型对喀斯特生态系统的干扰效应和干扰过程是不一样的，从而导致石漠化土地的退化过程、退化程度、退化群落特征有异，最终表现在恢复方式和恢复难度的差异上(周忠发，2001)。土地利用类型是石漠化发生率及石漠化等级高低的重要因素，石漠化是水土流失的顶级形式，而水土流失主要发生在旱地、疏林地和荒草地这三种土地利用类型。因此，土地利用是人与自然相互作用的结果，是喀斯特地区人地矛盾的指示器。根据《土地利用现状分类》(GB/T 21010—2007)，在GIS支持下，根据遥感影像特征，采用人工目视判读方法，建立训练样本，对遥感影像进行监督分类。然后对聚类分类结果进行类型判定和斑块核定，对复杂类型或疑点区进行标记，并进行野外校验。花江示范区的土地利用类型分为：水田、旱地、园地、有林地、灌木林地、其他林地、天然牧草地、其他草地、农村宅基地、工矿仓储用地、交通运输用地、河流水面、裸地(裸岩石砾地)等13类(图2-21)。

2. 植被覆盖分析

植被覆盖度是衡量地表植被状况的一个最重要的指标，也是影响石漠化、水土流失生态安全的重要因子。植被覆盖度指植物群落总体或各个体的地上部分的垂直投影面积与样方面积之比的百分数。应用遥感技术获取植被覆盖度主要采用植被指数法。植被指数能很好地反映植被状况，同植被覆盖度有良好的相关关系。选用归一化植被指数，建立植被覆盖度同归一化植被指数之间关系的经验公式，来计算植被覆盖度(聂新艳，2012)。

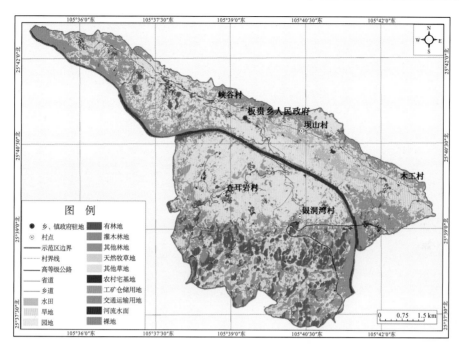

图 2-21　花江示范区 2013 年土地利用图

归一化植被指数(normalized difference vegetation index，NDVI)计算公式为

$$NDVI = (NIR - R)/(NIR + R) \qquad (2\text{-}1)$$

式中，NIR 为近红外波段($0.7 \sim 1.1~\mu m$)；R 为红波段($0.4 \sim 0.7~\mu m$)。

　　NDVI 长期以来用来监测植被变化情况，也是遥感估算植被覆盖度研究中最常用的植被指数，是植物生长状态以及植被空间分布密度的最佳指示因子，与植被分布密度呈线性相关(聂新艳，2012)。NDVI 计算结果为 $0 \sim 1$，NDVI 数值越高说明植被覆盖度越高，长势越好。

　　可根据算出的 NDVI 值计算植被覆盖度，其公式为

$$F_{cover} = (NDVI - NDVI_{min})/(NDVI_{max} - NDVI_{min}) \qquad (2\text{-}2)$$

式中，F_{cover} 为植被覆盖度；NDVI 为归一化植被指数；$NDVI_{min}$ 为植被覆盖像元最小值的 NDVI；$NDVI_{max}$ 为植被覆盖像元最大值的 NDVI。植被覆盖度值为 $0 \sim 1$，0 表示地表无植被覆盖，1 表示地表全部被植被覆盖，数值越高说明地表植被覆盖越好(图 2-22)。

3. 水土流失分析

　　根据《水土保持术语》(GB/T 20465—2006)，水土流失指在水力、风力、重力及冻融等自然应力和人类活动作用下，水土资源和土地生产能力的破坏和损失，包括土地表层侵蚀及水的损失。土壤侵蚀是指土壤或成土母质在外力(水、风)作用下被破坏剥蚀、搬运和沉积的过程。水土流失分等定级时，在纯碳酸盐岩区和碳酸盐岩夹非碳酸盐岩区，采用《岩溶地区水土流失综合治理技术标准》(SL 461—2009)；在非喀斯特区，采用《土壤侵蚀分类分级标准》(SL 190—2007)。在对花江示范区进行水土流失遥感调查时，运用遥感与地理信息系统软件，采用空间综合分析功能，同时用两个标准文件进行水土流失强度判别。

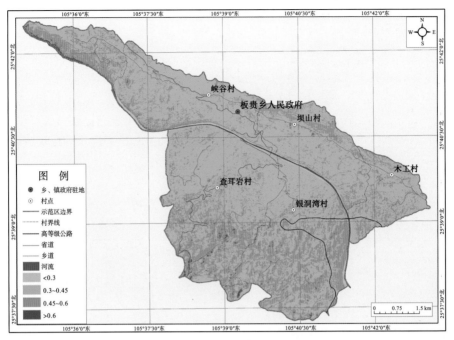

图 2-22　花江示范区 2013 年植被覆盖图

　　以遥感技术为主要手段,对目标信息进行提取,将遥感图像解译和野外实地调查相结合,严格按照《岩溶地区水土流失综合治理技术标准》(SL 461—2009)和《土壤侵蚀分类分级标准》(SL 190—2007),开展花江示范区水土流失遥感调查(化锐等,2007)。花江示范区的水土流失等级分为微度水土流失、轻度水土流失、中度水土流失、强度水土流失、极强度水土流失五个等级(图 2-23)。

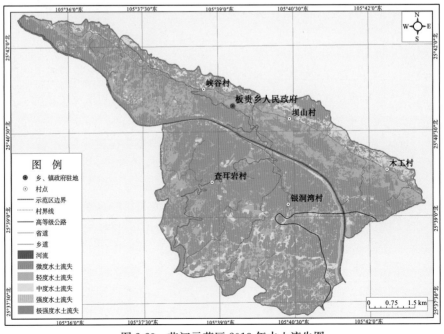

图 2-23　花江示范区 2013 年水土流失图

4. 石漠化分析

　　石漠化是一种环境恶化的过程,这种过程通过地表植被、地貌形态的变化表现出来,因此在影像上通常具有较明显的特征,可以根据不同影像数据特征来初步判断区域内石漠化程度。由于石漠化问题具有复杂性,运用计算机和影像识别技术来研究石漠化问题是一个复杂而困难的工程问题,借鉴周忠发等对喀斯特石漠化遥感提取的研究成果(熊康宁等,2002),结合区域地形、地貌和野外建标调查,通过对遥感影像采用决策树和非监督分类、人机交互对比分析、修改、验证和室内修正等方式,在相关控制因素(植被指数、水文地质分布图)的辅助下,采用 ArcGIS 为主要数据处理分析软件平台,得到区内石漠化分布图(图 2-24)。

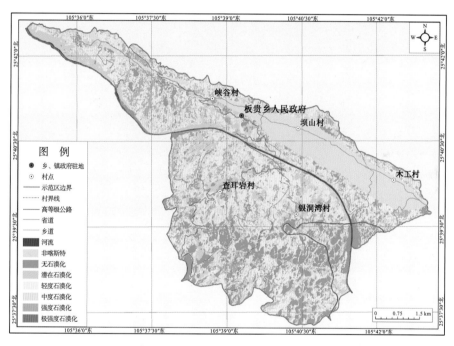

图 2-24　花江示范区 2013 年石漠化图

2.3.3　清镇红枫湖示范区自然背景

1. 地形地貌

　　清镇红枫湖示范区地形为喀斯特低山丘陵、坝地,海拔最高点(蜜蜂岩)1452 m,最低点(示范区红枫湖湖面最低水位)1240 m,平均海拔 1300 m(图 2-25)。地貌类型主要有峰丛谷地、峰丛洼地、峰林洼地、峰林溶原、侵蚀性岗丘宽谷、侵蚀性中山沟谷、岩溶化岗丘谷地(图 2-26)。区域内的地形地貌相对复杂,山地、丘陵的地形较为破碎,喀斯特作用强烈。区内坡地被大量开垦,土壤侵蚀较严重。地质构造背景属于黔中地台与黔南凹陷过渡地带,以碳酸盐岩为主。岩层多属三叠系的石灰岩、白云岩及砂岩。岩石矿物颗粒较细小,水土流失现象相对轻微。

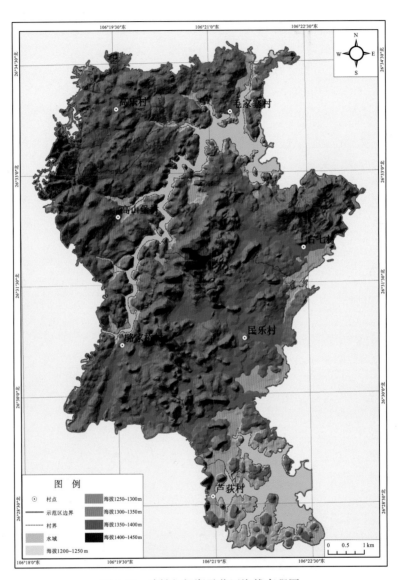

图 2-25　清镇红枫湖示范区海拔高程图

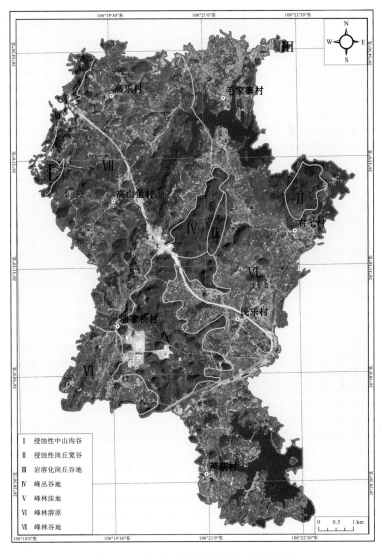

图 2-26　清镇红枫湖示范区地貌类型图

2. 岩性

清镇红枫湖示范区地质构造背景属于黔中地台与黔南凹陷过渡地带。从震旦纪起至三叠纪末，一直处于上扬子准地台的海侵范围内，碳酸盐岩与碎屑岩交替沉积，以碳酸盐岩为主。岩层多属三叠系的石灰岩、白云岩、泥质白云岩及砂岩、页岩（王恒松，2009）。示范区内为典型的喀斯特高原地貌中的低山丘陵、坝地，喀斯特面积占 70％以上（梅再美等，2003）。

3. 气候水文

清镇红枫湖示范区处于亚热带高原季风湿润气候区，阳光充足，雨量充沛，雨热同季。示范区平均气温一般为 10.8~18.6℃，极端最低温−5℃，极端最高温 35℃，年总积温 4700℃，无霜期 280 天；≥20℃积温 1563.5℃，持续 70 天。平均初霜期日 11 月 29

日，终霜日在次年 2 月 19 日。多年日照时数 1277.3 h，占全年可照时数的 27%。年辐射总量 360 kal/cm²。年降水量 1200 mm 左右，其中 4～10 月降水量占全年降水量的 77.3%，且往往会集中形成大雨或暴雨天气，造成洪涝、泥石流灾害。年蒸发量 700 mm 左右(王恒松，2009)。清镇红枫湖示范区整体也呈现暖干的变化趋势，气温升高仍然不显著，年降水量的减少趋势较为明显，但与花江示范区相比趋势较弱(图 2-27、图 2-28)。

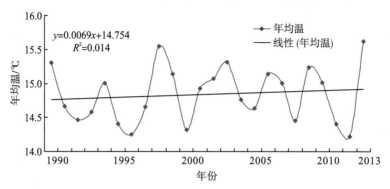

图 2-27　清镇红枫湖示范区年均温变化

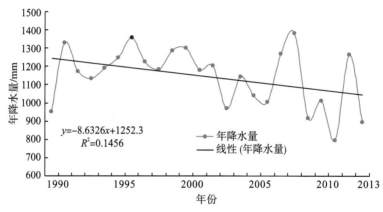

图 2-28　清镇红枫湖示范区年降水量变化

4. 土壤特征

从震旦纪起至三叠纪末，一直处于上扬子准地台的海侵范围内，表现出碳酸盐岩与碎屑岩交互成层，而以碳酸盐岩为主，岩层多属三叠系的白云岩、泥质白云岩及页岩(图 2-29)。土壤以黄壤、黄色石灰土、黑色石灰土、黄泥土为主。其土壤特性表现为结构不良、质地黏重、缺乏团粒结构，pH 一般为 6.5～8，具有典型的石灰土特征，容易干旱，土壤吸湿水含量低，土壤的水、肥、气、热失衡(图 2-30)(王恒松，2009)。

示范区的土壤侵蚀模数 2000 年以前为 2500～5000 t/(km²·a)，达到中等侵蚀程度，相当于每年有 14 065～281 300 t 土壤被侵蚀，侵蚀面占总耕地面积 40% 以上，泥沙大多注入国家级风景区——红枫湖中，造成泥沙淤积。而区域内的河流、小溪，由于泥沙淤积、河床升高，加之地表植被的破坏，导致保持水土的能力降低，致使部分支流几乎干枯断流，春旱、夏旱、洪涝等自然灾害频繁发生。示范区的土壤侵蚀模数从 2000 年以前的 2500～5000 t/(km²·a)降低至 2002 年的 78.4～185.7 t/(km²·a)，使 32.16 km² 面积的退耕还林(草)和封山育林地段每年减少表土损失量 38 563.6 t，相当于每年减少 886.96 t 化肥的土壤养分流失(梅再美等，2003)。

5. 植被特征

自然植被属亚热带区系，植被类型复杂多样。区内因碳酸盐岩广布，植物生长环境严酷，发育了喜钙、耐旱耐瘠的喀斯特植被，以藤刺灌丛、肉质多浆灌丛及禾本科草丛为主；森林少而星散，主要有杉木、油茶植物群落，樟树、朴树植物群落，白杨、火棘灌丛群落，桃金娘、云实灌丛群落，香椿、苦李、野花椒植物群落，香叶树、川楸植物群落，小果蔷薇、蕨类灌丛群落等(翠张玲，2008)。原生植被大多被破坏，现以次生林和灌木草丛为主，经果林主要有梨、桃、李、柑橘、甜橙等品种，并混种楸树－滇柏、女贞－滇柏的混合林；经济作物以油菜为主。

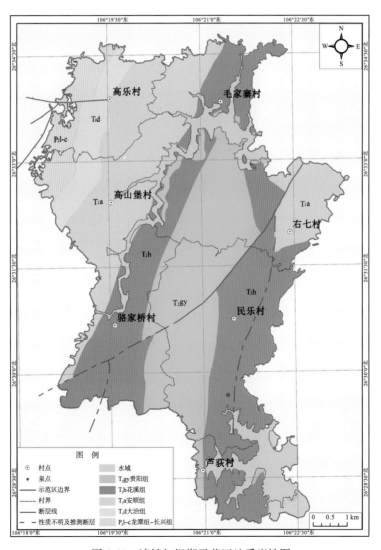

图 2-29　清镇红枫湖示范区地质岩性图

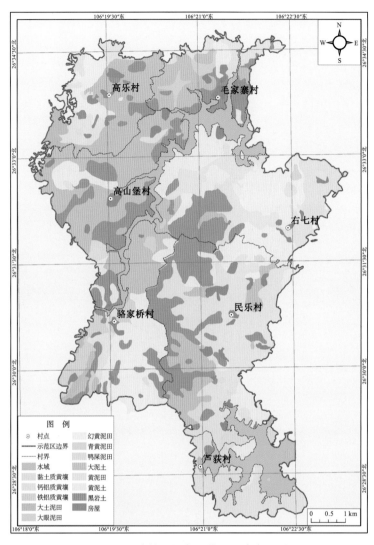

图 2-30　清镇红枫湖示范区土壤类型图

2.3.4　清镇红枫湖示范区生态环境

1. 土地利用分析

结合示范区的具体土地利用方式，根据《土地利用现状分类》（GB/T 21010—2007），采用人工目视判读方法，建立训练样本，对遥感影像进行监督分类，对复杂类型或疑点区进行标记，并进行野外校验。将示范区各类用地分为 9 个一级与 15 个二级土地利用类型(图 2-31)，分别为水田、旱地、园地、其他园地、有林地、灌木林地、其他林地、天然牧草地、人工牧草地、其他草地、农村宅基地、工矿仓储用地、交通运输用地、湖泊水面、裸地(裸岩石砾地)15 类。红枫湖示范区内水田、果园、其他林地、草地面积逐渐减少，旱地、有林地、灌木林地、工矿仓储用地、交通运输用地、湖泊水面、裸地、农村宅基地面积在增加，其他园地的面积逐渐增加。

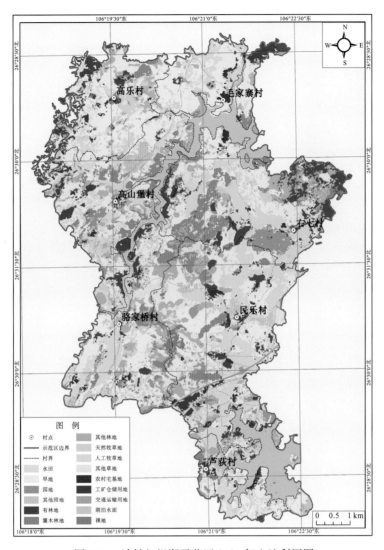

图 2-31　清镇红枫湖示范区 2013 年土地利用图

2. 植被覆盖分析

采用归一化植被指数，建立植被覆盖度与归一化植被指数之间的关系经验公式，来计算植被覆盖度(图 2-32)。

3. 水土流失分析

清镇红枫湖示范区的水土流失等级分为：微度水土流失、轻度水土流失、中度水土流失、强度水土流失和极强度水土流失五个等级。清镇红枫湖示范区的水土流失以微度水土流失、轻度水土流失为主，呈逐步增加的趋势，中度水土流失、强度水土流失、极强度水土流失呈逐步降低的趋势。从总体上看，水土流失的等级不高，面积变化不大，特别是在石漠化综合治理工程实施之后，水土流失的强度降低了许多(图 2-33)。

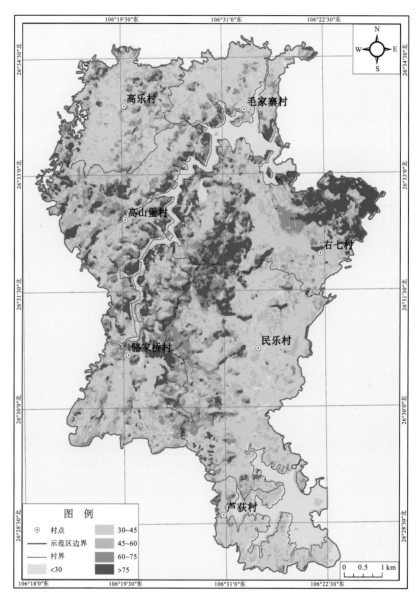

图 2-32   清镇红枫湖示范区 2013 年植被覆盖度图

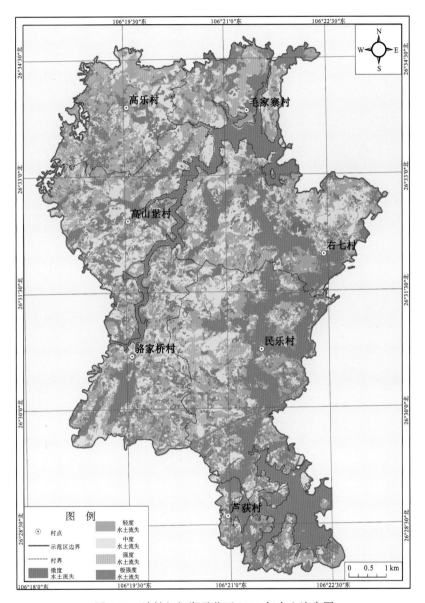

图 2-33 清镇红枫湖示范区 2013 年水土流失图

4. 石漠化分析

结合 3S 技术和野外建标，对遥感影像采用决策树和非监督分类方法，通过人机交互分析，结合室外验证和室内修正，得出石漠化现状分布(图 2-34)。

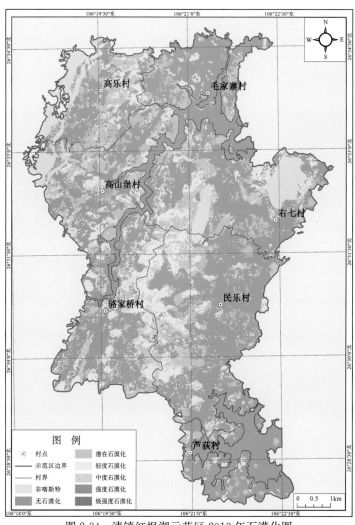

图 2-34　清镇红枫湖示范区 2013 年石漠化图

2.4　喀斯特石漠化社会经济与人类活动

2.4.1　关岭-贞丰花江示范区社会经济与人类活动

1. 社会经济

2013 年，示范区人口 9030 人，主要分布在查耳岩、银洞湾、峡谷、木工等地，人口密度为 175 人/km²。劳动力人口 3813 人，占总人口的 42.22%，其中，男性 2284 人，女性 1529 人。少数民族人口 3909 人,占总人口的 43.3%。高中以上文化程度劳动力人口仅占劳动力人口的 7.45%,劳动力人口中文盲占 16.26%。示范区总收入 5834 万元,人均收入 6460.7 元/人。具有人口多、经济结构单一、社会经济发展水平低等特点。

花江示范区社会经济情况见表 2-2。从表 2-2 可以看出,示范区总人口在近 10 年内增加了 1928 人,人口密度由 2001 年的 138 人/km² 上升到 2013 的 175 人/km²。查耳岩村的人口最多,其次是峡谷村,五里村人口最少。人口分布密度最集中的是木工村,其次是峡谷村,银洞湾村人口密度最低。高中及高中以上文凭人数由 2001 年的 75 人上升到 2013 年 284 人。人均收入增加 4379.9 元,"十二五"期间增长最快。石漠化综合治理效果日益凸显,农村的产业结构逐渐发生变化,社会经济条件得到改善。

表 2-2 花江示范区社会经济分析

村名	总人口/人				常住人口密度/(人/km²)			
	2001	2005	2010	2013	2001	2005	2010	2013
查耳岩村	1833	2122	2324	2455	123	142	156	165
银洞湾村	1337	1199	1526	1534	101	91	116	116
木工村	956	931	1108	1172	223	217	259	274
峡谷村	1580	1833	2077	2133	177	205	233	239
坝山村	984	1076	1139	1256	144	157	166	183
五里村	412	443	438	480	119	128	127	139
示范区	7102	7604	8612	9030	138	147	167	175

村名	人均收入/元				高中及高中以上人口/人			
	2001	2005	2010	2013	2001	2005	2010	2013
查耳岩村	1890	2060.17	7416.85	7195.4	21	25	34	70
银洞湾村	2448	3091.51	5511	6500	9	8	9	30
木工村	2619	2210.71	7757.53	7500	9	23	28	21
峡谷村	1453	2618.84	3038.67	3700	10	44	42	50
坝山村	2368	1464.26	6974.02	9375	4	20	7	90
五里村	2211	2367.99	3854.16	4682	22	39	43	23
示范区	2080.8	2309.5	5827.3	6460.7	75	159	163	284

2. 人类活动

示范区山势陡峭,土壤贫瘠,多暴雨,水土流失严重,自然条件环境对外界破坏的抵抗能力十分有限,生态环境呈现日益恶化的趋势。随着示范区人口数量的增长,人地矛盾加剧,而可耕地面积有限,人口压力迫使人们开垦荒地,向自然索取他们生存所需的生活物资。

1) 毁林开荒

人口的过度增长，使植被遭到严重破坏，坡面上的原始森林被大量砍伐。此外，一些地区农民习惯伐薪烧柴，增大了木柴需求量。花江地区人口较多，稳产耕地少，且相当一部分耕地坡度超过 25°。为了解决温饱问题，农民不惜在陡坡上毁林开垦，在石旮旯内种植玉米等粮食作物，基本上靠天吃饭，粮食产量极低，开垦山地和土地撂荒恶性循环(图 2-35)。

2) 过度放牧

农民在花江地区散养放牧，牲口直接破坏植被；牲畜的践踏，造成土地板结，植被不能自然恢复(图 2-36)。

图 2-35　毁林开荒　　　　　　　　　　　图 2-36　过度放牧

3) 开采矿山

随着城乡建设的飞速发展，房地产与城镇基础设施建设规模的不断扩大，石材的需求量急剧增加，采石场数量也呈激增之势。自 2010 年以来，花江地区采石场大量增加，一方面，采石场在一定程度上解决了当地居民的就业问题，短期内促进了当地经济的发展；另一方面，开山采石对生态环境破坏极大。采石场几乎没有挡土墙等防止水土流失的措施，大多也未进行复垦绿化，会造成水土流失、泥石流、滑坡、河道堵塞等生态问题，同时采石场的废土和废渣的保留和堆放问题，严重破坏周围自然景观(图 2-37)。

图 2-37　开采石料

采石场主要分布在查耳岩村(表 2-3),目前采空区面积高达 73.586 hm^2。矿山的遗弃物如果处理不当,将会对土地造成严重污染,影响植被的生长,进一步威胁当地的生态环境。2010 年采石场面积 6.81 hm^2,到 2013 年增加了 66.776 hm^2。

表 2-3　采石场的现状调查情况

矿山名称	开采时间	矿山地点(分布位置)	生产规模	采空区面积/hm^2
银拓斯	2011 年	北盘江镇查耳岩村田坝组	3 万 m^3/年	17.396
仁寿	—	北盘江镇查耳岩村田坝组		12.349
生隆	—	北盘江镇查耳岩村坡头上组	—	7.895
吉祥	2011 年	北盘江镇查耳岩村坡头上组	9 万 m^3/年	7.403
钰山	2012 年	北盘江镇查耳岩村田坝组	8 万 t/年	4.568
瑞驰	2013 年	北盘江镇查耳岩村大石板组	5 万 t/年	7.098
钰宏	2013 年	北盘江镇查耳岩村大石板组	5 万 t/年	7.022
安达	—	北盘江镇查耳岩村板围组	—	8.066
渝兴	—	北盘江镇查耳岩村查耳岩组	—	1.789

注:数据来源于 SPOT6 遥感图像

4)旅游

花江示范区距贞丰县城约 50 km,距关岭县城约 32 km,320 国道、210 省道高速公路贯穿其中,属于典型的喀斯特石漠化地区,在石漠化治理过程中种植有金银花、火龙果、花椒等特色农产品,是石漠化治理示范区的模范。示范区内有省级风景名胜区花江大峡谷,交通条件优越,旅游市场潜力大。

花江示范区主要的旅游项目为石漠化治理景观科普学习、庭园经济景观体验以及喀斯特峡谷风光观赏。石漠化治理景观是根据小流域特殊的地形、地貌形成的高原峡谷面状景观,利用石漠化治理栽种的花椒、果园、草地等经果林草斑块景观,根据雨水的径流特点所形成的坡改梯景观,和点线结合蓄水池、沉沙池、监测站、引水渠、田间生产道路等形成的斑块-廊道景观。庭园经济景观体验是在房前屋后的山地、水面、庭院、经果林园等场地,建设实用的"三位一体"庭园生态经济格局。游客可以一览庭园生态经济的格局,了解其生产过程,还可购买特色花椒和奇石旅游产品,以及徒步山野,感受自我。喀斯特峡谷风光观赏顶坛小流域位于花江大峡谷旁,有得天独厚的地理环境和适宜的气候条件,喀斯特峡谷优美壮观,河流蜿蜒曲折,崇山峻岭起伏连绵,山间晨雾萦绕,游客可登高望远,领略优美喀斯特峡谷风光,体验"会当凌绝顶,一览众山小"之感。峡谷村依据有利地势,发展了旅游业。农户自主经营。

3. 石漠化治理工程

花江示范区河谷深切、水资源利用难度大、土壤侵蚀极其严重、地表水缺乏,生态系统稳定性及相关功能未得到明显提升,强度石漠化面积大,退化生境植物恢复困难,残存植被结构不佳,难以良好地控制水土流失,人民生活贫困及生活用水困难等问题仍很突出，产业结构单一且不合理，加之主要经济植物——顶坛花椒的老化减产，构建新的发展模式与技术体系极为迫切。

　　根据喀斯特动力系统特征及其运移规律，因地制宜地把石漠化生态环境与改变传统落后的农业生产模式及产业结构相结合，采用坡耕地综合整治及特色经济林种植等模式与技术体系，进行了封山育林、特色经济林、农田水利建设等试验示范(表2-4)。根据不同土地利用方式的石漠化发生情况，坡耕地石漠化通过石埂坡改梯建设，退耕还林还草，减小坡耕地的水土流失，同时实施土壤改良，改善作物生长环境，提高粮食产量。针对水资源严重短缺的现状，通过坡面集雨、屋面集雨、开发表层喀斯特裂隙水和层间水(泉)等方式，以及小容量水池与输水管道配套建设，实现水资源高效利用。在海拔800 m以下的疏灌木林地种植花椒；在海拔800～1000 m以内的其他草地因地制宜地实行石榴等特色经果林和皇竹草种植，发展特色农林产业和草食畜牧业；在海拔1000 m以上的地区开展封山育林及种植经济林。通过参与式管理，改变农民传统观念，加强农民种植、养殖技能培训，改变农户不合理的经济行为，使他们转变成为石漠化综合治理的主力军和受益人。通过试验示范建立关岭－贞丰花江喀斯特高原峡谷中－强度石漠化综合整治示范区，提出这类地区要以蓄水、治土为核心，以特色经济林种植及高产技术为支撑，将生物措施、工程措施、农艺措施、管理措施等多种技术措施加以捆绑、组装和科学配置(图2-38)(熊康宁等，2011)。

表2-4　花江示范区石漠化综合防治工程建设内容

防治工程种类	防治工程亚类	防治工程子类	工程量
林草植被保护和建设	人工造林	防护林/hm²	8.25
		水土保持林/hm²	365.872
		特色经果林/hm²	524.06
		封山育林/hm²	309.57
草地建设与草食畜牧业发展	草地建设	人工种草/hm²	112.386
		饲草机械/台	1
基本农田建设与水资源开发利用	坡改梯与小型水利水保	坡改梯/hm²	74.8
		田间生产道路(作业便道)/km	8.53
		引水渠/km	9.67
		排涝渠/km	0.86
		机耕道/km	1.42
		拦沙坝/个	1
	水资源开发利用	小水池/个	55
		沉沙池/口	29
农村能源建设		沼气池/口	1
		节柴灶/个	4
监测体系建设		石漠化治理综合监测站/个	1

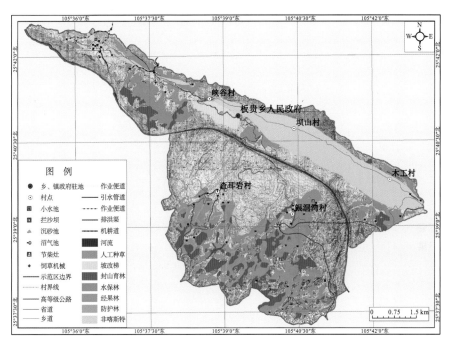

图 2-38　花江示范区石漠化综合治理工程布置图(据熊康宁等，2011，有修改)

2.4.2　清镇红枫湖示范区社会经济与人类活动

1. 社会经济

红枫湖示范区由红枫镇的民乐村、右七村、骆家桥村、芦荻村和站街镇的高山堡村、高乐村组成、毛家寨村组成，总面积 60.41 km²。2005 年示范区总人口为 15811 人，人口密度为 327 人/km²；2013 年研究区总人口为 16417 人，人口密度为 335 人/km²，高中以及高中以上的人数占总人数的 9.26%(表 2-5)。示范区的人口数量呈逐步增长的趋势，人口压力在一定程度上会引发土地利用的变化，必然导致生态环境的破坏，在人类活动强烈的地区更为明显。示范区石漠化以中-轻度为主，生态环境相对较好，人口的增长和人类活动将有可能加剧石漠化程度。示范区人均收入增加了 4595.71 元，石漠化综合治理效果明显，产业结构逐渐发生变化，生活水平得到较为显著的提高。

表 2-5　清镇红枫湖示范区社会经济分析

研究区村名	总人口/人			常住人口密度/(人/km²)		
	2005 年	2010 年	2013 年	2005 年	2010 年	2013 年
民乐村	3984	4566	4968	261	299	325
右七村	2662	2523	2924	243	230	267
骆家桥村	1838	2009	1735	231	253	218
芦荻村	1327	1335	1435	502	505	543
高山堡村	1770	1072	904	201	121	102

研究区村名	总人口/人			常住人口密度/(人/km²)		
	2005 年	2010 年	2013 年	2005 年	2010 年	2013 年
高乐村	2049	2082	1879	355	340	307
毛家寨村	2181	2395	2572	496	545	585
示范区	15811	15982	16417	327	328	335

研究区村名	人均收入/元			高中及高中以上人口/人		
	2005 年	2010 年	2013 年	2005 年	2010 年	2013 年
民乐村	3629.33	7696.57	12157	49	165	183
右七村	3256.60	9817.80	11300	28	81	90
骆家桥村	1250.91	5012.74	14000	19	7	420
芦荻村	2581.92	10561.04	6150	63	20	150
高山堡村	4367.69	16599.29	9500	6	20	230
高乐村	5904.26	16407.64	2800	14	26	70
毛家寨村	5476.32	5791.35	2730	37	49	377
示范区	3781.00	10269.49	8376.71	216	368	1520

2. 人类活动

喀斯特地区拥有特殊的自然地理背景,生态环境呈现脆弱性,在人为因素的影响下造成水土流失、石漠化严重,人地的矛盾加剧,生态环境更加脆弱,成为恶性循环。通过实地调查发现,示范区产业结构不合理,放火烧山和毁林开荒,掠夺式利用土地资源,导致土壤肥力低下。

1)放火烧山

出现放火烧山这种不合理现象的主要原因是人口的过度增长导致可耕地面积的减少,示范区中农民在大于 25°的坡地上多次放火烧山,将坡地中植被烧毁以增加耕种面积(图 2-39)。

2)产业园区的建设

红枫湖示范区位于城市边缘地区,所以在原有的石漠化工程的基础之上,示范区内增加了一些惠农措施,将土地以承包的形式供农民使用,大力发展蔬菜基地。目前主要有长津、青远、国瑞、铭江等专业合作社,以青远、长津两大公司为主,建立起绿色有机蔬菜基地,其中在高山堡村发展苗圃,在右七村发展葡萄园等一些惠农工程,民乐村发展为现代农业示范园(图 2-40)。采取这些措施,一方面可以将土地整合管理,另一方面可以增加当地农民的经济收入(表 2-6)。

图 2-39　放火烧山开垦

图 2-40　产业园区建设

表 2-6　产业园区面积统计　　　　　　　　　（单位：hm²）

地类	蔬菜基地	经济林
面积	29.48	101.32

3. 石漠化治理工程

清镇红枫湖示范区建立了城郊生态农业集约经营、生态畜牧业集约经营等模式，所应用的技术体系主要有喀斯特石山营造林技术体系、农作物高产稳产技术体系、林灌草高效速生栽植技术体系、林草立体种植与基地技术系统、牧草高产丰产技术体系、奶牛肉牛养殖与管理技术体系、水资源开发利用与优化配置技术体系、参与式庭园经济建设技术体系(图 2-41)(熊康宁等，2010)。

清镇红枫湖示范区距离清镇仅 7 km，有很好的区位优势，交通便利，结合示范区的地质地貌和生态环境，利用示范区的区位及资源的优势，构建了生态农业、生态畜牧业。其空间格局为：山上林地、灌木林地实施封山育林；在山腰种植经果林，并配置林下种草，山间盆地、坝子地发展生态农业；在种草条件好的区域配置生态畜牧业，修建小水池解决农村饮水困难，发展沼气解决农村能源短缺，改善农村生产生活条件，形成种植—养殖—种植完整协调农业生态循环系统，促进有机物在生态系统中的再循环，有效防止环境污染，实现农村经济的可持续发展(陈永毕等，2009)。

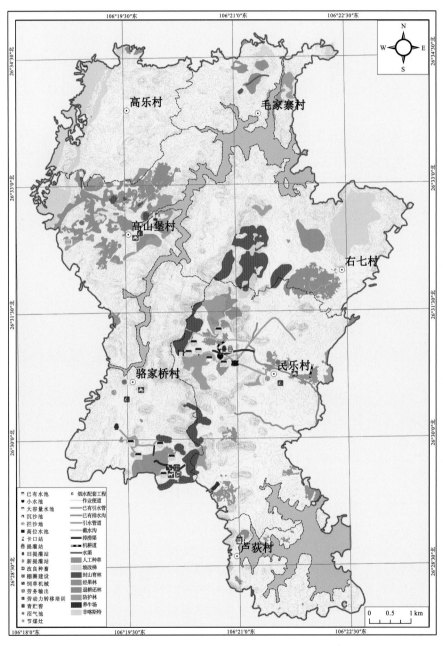

图 2-41　清镇红枫湖示范区石漠化综合治理工程布置图(据熊康宁等，2011，有修改)

《岩溶地区石漠化综合治理规划大纲(2006~2015年)》和《贵州省岩溶地区石漠化综合治理规划(2008~2015)》中明确指出七大综合防治工程建设的内容。清镇红枫湖示范区主要涉及其中6项(表2-7)，其中封山育林/育草230.60 hm²，营造以迎庆梨、酥梨、香椿、花椒为主的经济林 143.20 hm^2，楸树、楸树＋滇柏、女贞、女贞＋滇柏的混交林防护林建设 45.53 hm^2，以迎庆梨和酥梨为主的坡耕地采取林草间作 10.60 hm^2，种植葡萄园 10.67 hm^2，以紫花苜蓿和黑麦草为主的优质牧草等 149.01 hm^2，发展奶牛养殖 82户 263 头，改良种畜 18 头，棚圈建设 2240 m^2，饲草机械 5 台，青贮窖 288 m^3，豁眼鹅养殖 20 户 1050 只，作业便道 1 km，引水渠 3 km，排涝渠 1.5 km，泉点引水 6.5 km，提水站 1 个，蓄水池 18 口，沉砂池 3 口，沼气池 704 口，农村实用技术培训共计 1200人次，其中县乡村干部和技术人员培训 259 次，以劳动力转移为重点的农民技术人员培训 941 次，石漠化综合治理监测站 1 个(熊康宁等，2011)。

表 2-7　清镇红枫湖示范区石漠化综合防治工程建设内容

防治工程种类	防治工程亚类	防治工程子类	工程量
林草植被保护和建设	人工造林	防护林/hm^2	45.53
		特色经果林/hm^2	143.20
草地建设与草食畜牧业发展	草地建设	人工种草/hm^2	44.20
	草食畜牧业发展	改良种畜/头	18
		建设棚圈/m^2	2240
		饲草机械/台	5
		青贮窖/m^3	288
基本农田建设与水资源开发利用	坡改梯与小型水利水保	田间生产道路/km	1
		引水渠/km	3
		排涝渠/km	1.5
		提水站/个	1
	水资源开发利用	小水池/个	10
		沉沙池/口	3
农村能源建设		沼气池/口	704
		节柴灶/个	2
易地扶贫搬迁和劳务输出		劳动力转移培训/次	941
监测体系建设		石漠化治理综合监测站/个	3

数据来源：《点石成金——贵州石漠化治理技术与模式》(熊康宁等，2011)

第 3 章　喀斯特石漠化过程实验研究

3.1　实验设计

3.1.1　实验目的

分别在花江示范区和清镇红枫湖示范区选取石漠化不同演变阶段典型样地作为喀斯特石漠化过程实验研究的代表，通过定位观测不同地貌背景、不同人文社会经济条件下石漠化不同演变阶段土壤理化性质、植物群落多样性的变化规律，查清不同地貌背景、不同人文社会经济条件下石漠化不同演变阶段土壤理化性质、植物群落多样性特征，探讨人为干预下不同恢复措施对喀斯特土壤环境的影响和石漠化演变过程中植物群落多样性的响应，为喀斯特地区生态恢复提供理论基础。

3.1.2　实验方法

（1）文献资料分析法。通过查阅相关文献，了解示范区地理位置、地质岩性、土壤类型、生物资源等自然资源状况，以及人口、民族、经济结构、人类活动等社会经济状况。

（2）野外调研与定点监测法。通过实地调研，对示范区的自然资源状况及社会经济状况等进行深入了解；在示范区选取典型样地，定点监测样地的地质岩性、石漠化演变阶段、植被覆盖率、岩石裸露率、人为干预方式、坡度坡向等，并采集混合土样和环刀土。

（3）实验分析法。将采集的土样进行初步处理，按照相关国家标准对样品进行分析测定，获取土壤理化性质数据。

（4）GIS空间分析法。利用ArcGIS空间分析方法，采用克里金法来检验数据分布的特征，利用地理信息系统技术分析中的方法变异分析，把样点对应的理论半变异值和协方差用两点间距离的函数表示，检验样点的采样分布是否合理。

3.2　土壤养分与流失观测实验

3.2.1　实验设备与方法

通过野外采样，将样品带回实验室分析，得到了样地土壤的容重、含水量、孔隙度、饱和渗透率等物理性质和pH、全磷、有效磷、全钾、速效钾、全氮、水解氮等含量数据。把这些数据进行整合分析可以得出水土保持中有关土壤性质方面的数据。实验是在贵州省山地环境重点实验室内严格按照试验规程操作完成，数据可靠。

分别在2013年7月、11月，2014年4月、7月、11月和2015年7月对花江示范区进行野外取样，选取不同土地利用类型共25个样地。在2013年10月、2014年4月对清镇红枫湖示范区进行野外取样，选取不同土地利用类型共 14 个样地。

在选取的样地内选择有代表性的点 3～5 个，铲去表层约 3 cm 厚的土壤，然后倾斜向下切取 10～20 cm 深度的土壤。采用对角线采样法进行采样点的布设，将样地对角线的土样集中一起混合均匀，每块样地采集土样约 1 kg，即为混合土壤样品，同时将已知体积的环刀压入土中取环刀土。

实验设备与仪器：不锈钢取土环刀、TDR300 土壤水分测定仪、SRS-SD2000 土壤呼吸测量仪、开氏定氮仪、紫外分光光度计、原子吸收仪、pH 计、甘油浴锅。

样地工作照及实验工作照见图 3-1 和图 3-2。

图 3-1　样地工作照

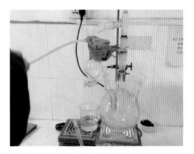
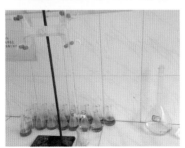

图 3-2　实验工作照

3.2.2　土壤理化性质分析方法

根据相关国家标准，土壤自然含水量采用烘箱烘干法，对土壤容重、总孔隙度、毛孔孔隙度、非毛孔孔隙度和田间持水量、毛管持水量等物理性质的测定采用环刀法。

样品带回实验室后，在贵州省山地环境重点实验室对样品处理后进行分析测定所需的土壤物理化学性质数据。

土壤自然含水量采用烘箱烘干法，室内用烘箱在80℃温度下将土样烘至恒重，计算公式为

$$\theta_m = \left[(m_1 - m_2)/(m_2 - m) \right] \times 1000 \qquad (3\text{-}1)$$

式中，θ_m 为土壤自然含水量（g/kg）；m 为干燥铝盒质量（g）；m_1 为风干土样与铝盒合重（g）；m_2 为烘干土样与铝盒合重（g）。

土壤渗透性能：每个样地有上、下两层环刀土样，空环刀与环刀土组成渗透筒，持续向渗透筒内倒水，记录每次渗透水样与渗透间隔时间，渗透性能的计算采用中国科学院南京土壤研究所土壤物理研究室编著的《土壤物理性质测定方法》一书中的土壤渗透性能计算公式：

$$V = \frac{10 \times Q_n}{t_n \times S} \qquad (3\text{-}2)$$

式中，V 为每分钟的渗透速率（mm/min）；Q_n 为每次渗出的水量（mL）；S 为渗透筒的横断面积（cm^2）；t_n 为每次渗透所间隔时间（min）。

土壤密度：土壤密度是指单位容积土壤（包括粒间孔隙）的质量，又称土壤容重。严格地讲土壤密度应称干容重，其含义是干基物质的质量与总容积之比：

$$\rho_b = \frac{m_s}{V} \qquad (3\text{-}3)$$

式中，ρ_b 为土壤密度（g/cm^3）；m_s 为土壤固体部分质量（g）；V 为土壤容积（cm^3）。

土壤总孔隙的计算公式为

$$土壤孔隙度 = \left(\frac{\rho_b - r_s}{\rho_b} \right) \times 100\% \qquad (3\text{-}4)$$

式中，ρ_b 为土壤密度（一般耕地表土的土壤密度为 2.5 g/cm^3），土壤密度与土壤比重的数值相等。

土壤田间持水量、土壤毛管持水量、土壤孔隙度运用环刀法测定，土壤持水量指标包括土壤田间持水量、土壤毛管持水量；土壤孔隙度指标包括土壤总孔隙度、毛管孔隙度及土壤非毛管孔隙度，具体方法参照张韫主编的《土壤·水·植物理化分析教程》。

可用 SRS-SD2000 便携式土壤呼吸系统测定土壤呼吸及野外气体交换值，分析 CO_2 浓度及变化、NCER 值（土壤呼吸值）、T_{soil}（土壤温度值）。其他指标采用以下方法测量。

pH：电位法（GB7859—87）。

土壤全氮含量：半微量开氏法（GB7173—87）。

土壤全磷含量：氢氧化钠碱熔－铝锑抗比色法（GB7852—87）。

土壤全钾含量：氢氟酸高氯酸消煮法（GB7854—87）。

土壤水解氮含量：碱解扩散法（FHZDZTR0051）。

有机质含量：高温外加热重铬酸钾氧化容量法（GB7857—87）。

3.2.3　实验样地选取与评价

分别在花江示范区和清镇红枫湖示范区内选取典型监测样点，样点分布详见图 3-3 和图 3-4，样点基本信息见表 3-1 和表 3-2。

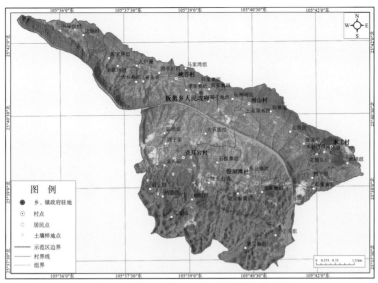

图 3-3 花江示范区土壤监测样点分布图

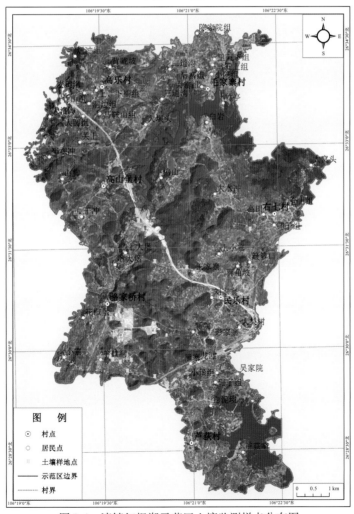

图 3-4 清镇红枫湖示范区土壤监测样点分布图

表 3-1　花江示范区样地基本信息

样地	地点	经纬度	海拔	土壤类型	岩性	植被覆盖率	石漠化演变阶段	植物配置方式	土地利用类型	人为干预方式	地貌部位
A_1	纳坝组封山育林区	105°38′16.50″E 25°38′50.46″N	973 m	薄层黑色石灰土	白云质灰岩	50%	轻度	桃树、花椒	封山育林	耕作	坡地
A_2	查耳岩村田坝组	105°38′23.75″E 25°40′12.49″N	750 m	黄色石旮旯土	白云质灰岩	35%	中度	乔木、灌木	撂荒地	无	坡地
A_3	查耳岩村田坝组	105°38′23.75″E 25°40′12.19″N	742 m	黄色石旮旯土	白云质灰岩	85%	无	红薯	人工耕地	耕作	平地
A_4	王家屋基组	105°39′54.50″E 25°40′19.51″N	575 m	黄色石旮旯土	白云质灰岩	78%	潜在	皇竹草、芦草	天然草地	耕作	坡地
A_5	王家屋基组	105°39′54.50″E 25°40′19.51″N	575 m	黄色石旮旯土	白云质灰岩	14%	轻度	草地、花椒、柚木	林下种草	混种	坡地
A_6	王家屋基组	105°39′55.84″E 25°40′20.67″N	555 m	黄色石旮旯土	白云质灰岩	35%	中度	柚木、花椒	经济林柚木林	混种	坡地
A_7	王家屋基组	105°39′55.65″E 25°40′24.72″N	598 m	黄色石旮旯土	白云质灰岩	40%	轻度	花椒	坡改梯花椒林	耕作	坡地
A_8	王家屋基组	105°39′54.50″E 25°40′19.51″N	575 m	黄色石旮旯土	白云质灰岩	60%	潜在	玉米	经济林玉米地	耕作	坡地
A_9	关岭县木工村	105°42′22.51″E 25°39′37.08″N	782 m	薄层棕色石灰土	泥灰岩岩夹砂质灰岩	65%	轻度	栗子树、臭椿	人工栗子林	耕作	丘峰台地
A_{10}	查耳岩村蓄水池东侧	105°38′40.94″E 25°39′35.09″N	747 m	黄色石旮旯土	白云质灰岩	50%	中度	花椒、砂仁	坡改梯花椒林	耕作	平地

续表

样地	地点	经纬度	海拔	土壤类型	岩性	植被覆盖率	石漠化演变阶段	植物配置方式	土地利用类型	人为干预方式	地貌部位
A_{11}	查耳岩村查耳岩组	105°39′03″E 25°39′36.4.″N	761 m	黄色石旮旯土	白云质灰岩	70%	中度	花椒、草地	经济林花椒地	耕作	坡地
A_{12}	查耳岩组山地	105°38′38.77″E 25°39′15.37″N	900 m	黄色石旮旯土	白云质灰岩	30%	强度	花椒	人工花椒地	耕作	坡地
A_{13}	查耳岩组山地	105°38′38.77″E 25°39′15.37″N	909 m	黄色石旮旯土	白云质灰岩	5%	强度	乔灌、花椒	坡顶乔木丛	耕作	坡顶
A_{14}	查耳岩村湾子组	105°38′32.27″E 25°39′44.89″N	783 m	黄色石旮旯土	白云质灰岩	65%	中度	灌木、杂草	灌木丛	无	丘峰台地
A_{15}	查耳岩村查耳岩组	105°38′7.68″E 25°39′6.49″N	727 m	黄色石旮旯土	白云质灰岩	95%	轻度	乔木、草	天然草地	无	坡地
A_{16}	岩上组峰丛洼地	105°38′05.46″E 25°39′08.90″N	944 m	薄层黑色石灰土	白云质灰岩	20%	强度	花椒、仙人掌	坡改梯花椒林	耕作	峰丛洼地
A_{17}	关岭县木工村	105°42′24.54″E 25°39′44.76″N	792 m	薄层棕色石灰土	泥灰岩夹砂质灰岩	50%	轻度	花椒、砂仁	经济林花椒林	耕作	平地
A_{18}	银洞湾报公寨	105°40′24.05″E 25°39′20.64″N	731 m	黄色石旮旯土	白云质灰岩	35%	中度	花椒、橘子树	坡改梯花椒林	混种	平地
A_{19}	板贵乡三家寨村	105°38′18.56″E 25°41′17.56″N	779 m	黄色石旮旯土	白云质灰岩	80%	无	花椒、辣椒	人工耕地	混种	平地
A_{20}	三家寨火龙果基地	105°39′13.93″E 25°40′49.90″N	632 m	黄色石旮旯土	白云质灰岩	50%	轻度	火龙果、皇竹草	坡改梯火龙果	坡改梯、耕作	坡地

续表

样地	地点	经纬度	海拔	土壤类型	岩性	植被覆盖率	石漠化演变阶段	植物配置方式	土地利用类型	人为干预方式	地貌部位
A_{21}	关岭县木工村	105°42'21.00"E 25°39'34.50"N	776 m	薄层棕色石灰土	泥灰岩夹砂质灰岩	60%	潜在	皇竹草、庹草	天然草地	无	坡地
A_{22}	关岭县木工村	105°42'22.51"E 25°39'37.08"N	782 m	薄层棕色石灰土	泥灰岩夹砂质灰岩	80%	无	乔木	乔木林	无	坡地
A_{23}	法郎小流域	105°36'19.74"E 25°42'13.53"N	834 m	薄层黄色石灰土	白云质灰岩	60%	潜在	皇竹草、庹草	天然草地	无	坡地
A_{24}	板贵乡坡改梯	105°39'23.2"E 25°40'8.32"N	632 m	黄色石旮土	白云质灰岩	45%	轻度	花椒	坡改梯花椒林	耕作	坡地
A_{25}	板贵乡草地	105°39'24.9"E 25°40'8.57"N	626 m	黄色石旮土	白云质灰岩	90%	轻度	草地	天然草地	无	坡地

表 3-2　清镇红枫湖示范区样地基本信息

样地	地点	经纬度	海拔	土壤类型	岩性	植被覆盖率	石漠化演变阶段	植物配置方式	土地利用类型	人为干预方式	地貌部位
B_1	羊昌洞	106°22'32.18"E 26°30'40.34"N	1279 m	黄壤	石灰岩	90%	无	黑麦草	人工草地	耕作	洼地
B_2	羊昌洞封山育林	106°22'21.21"E 26°30'39.05"N	750 m	黑色石灰土	石灰岩	90%	潜在	草地、柏树、女贞	封山育林	无	坡地
B_3	羊昌洞	106°22'18.25"E 26°30'32.12"N	1282 m	黑色石灰土	石灰岩	40%	潜在	油菜花	径流场	耕作	坡地
B_4	羊昌洞	106°22'19.11"E 26°30'16.31"N	575 m	黑色石灰土	石灰岩	95%	潜在	黑麦草	人工草地	耕作	洼地

续表

样地	地点	经纬度	海拔	土壤类型	岩性	植被覆盖率	石漠化演变阶段	植物配置方式	土地利用类型	人为干预方式	地貌部位
B_5	马鞍山落水洞出口	106°20′48.10″E 26°31′10.1″N	1280 m	黄壤	石灰岩	90%	潜在	草地	天然草地	耕作	洼地
B_6	王家寨	106°20′57.63″E 26°31′09.93″N	1289 m	黄壤	石灰岩	15%	中度	白菜	人工耕地	耕作	平地
B_7	王家寨水渠	106°22′05.15″E 26°31′08.35″N	1317 m	黄壤	石灰岩	无	潜在	无	人工水渠	无	水渠
B_8	王家寨养鸡场	106°20′96″E 26°31′16″N	1276 m	黄壤	石灰岩	80%	无	辣椒	人工耕地	耕作	洼地
B_9	王家寨	106°20′57.63″E 26°31′09.93″N	1281 m	黄壤	石灰岩	80%	潜在	梨树、草	国家天然保护工程	耕作	坡地
B_{10}	王家寨	106°20′48.10″E 26°31′00.31″N	1280 m	黄壤	石灰岩	70%	潜在	玉米	国家天然保护工程	耕作	坡地
B_{11}	笔架山	106°20′47.21″E 26°31′12.13″N	1285 m	黄壤	石灰岩	80%	中度	草地	人工草地	耕作	平地
B_{12}	右七村	106°22′04.32″E 26°31′20.54″N	1278 m	黄壤	石灰岩	80%	无	葡萄	人工果园	耕作	平地
B_{13}	高山堡村	106°19′17.46″E 26°32′06.71″N	1289 m	黑色石灰土	石灰岩	无	轻度	无	封山育林	无	坡地
B_{14}	骆家桥村委会	106°19′6.35″E 26°30′45.6″N	1286 m	黄壤	石灰岩	70%	无	水田	人工耕地	耕作	洼地

利用地理信息技术，通过空间自相关性分析，得出地理现象的空间相关特性，即距离越近的事物越相似，按照不同恢复模式的规律来选取样点。

花江示范区土壤采样值具有很强的空间相关性，半变异图中的样点不是形成一条水平直线，这表明数据存在一定的空间相关性(图 3-5)。通过研究空间结构可以看出，距离远的样地(x 轴右侧方向移动和 y 轴朝上方移动)方差较大，而距离近的样点(x 轴右侧和 y 轴下部)的值具有更大的相似性，结果表明采样值及其属性具有一定的空间相关性，半变异函数图的采样点的变化规律是东北－西南比西北－东南方向具有更远的空间距离，且样点布置呈东北－西南方向趋势，而不是在一条水平直线上，通过评价验证样地选取合理。

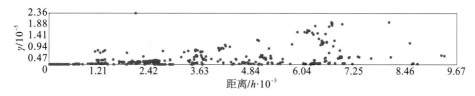

图 3-5　花江示范区土壤样地半变异函数图

通过评价发现样地点的空间变异具有一定的方向性(图 3-6)，采样数据在东北－西南方向比西北－东南方向具有更远距离的空间相关性，由此证明，清镇红枫湖示范区样地点的采样值具有很强的空间相关性且数据分布属于正态分布。

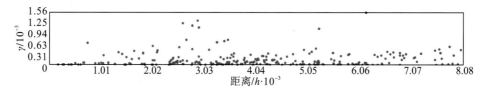

图 3-6　清镇红枫湖示范区土壤样地半变异函数图

3.2.4　土壤养分流失分析

土壤养分流失与土壤侵蚀发生过程及面源污染的产生息息相关。伴随着土壤侵蚀，附着在土壤颗粒表面上的各种养分随之流失。土壤氮磷流失受地理、气候、土壤和人为活动等多种因素影响，使得对土壤氮磷流失的控制和治理有很大难度(张秋华，2014)。

通过对花江示范区和清镇红枫湖示范区 2013～2015 年的定位监测，研究不同土地利用类型中土壤的理化性质。土壤中养分的流失与侵蚀密切相关，侵蚀导致土壤中养分的流失，对土壤中营养元素进行研究，对比分析不同等级石漠化土壤养分变化。土壤样品在贵州省山地环境重点实验室进行分析，得到土壤样品的 pH、全钾、全磷、全氮和水解氮的含量，通过土壤中各种营养元素的增减可以看出土壤水土流失状况及土壤肥力的高低。

1.　土壤自然含水量

土壤含水量是直接影响作物生长发育好坏及产品量高低的重要因素之一，研究农田土壤含水量，对我们利用土壤水资源，合理分配农业用水，起到了重要的作用(李阳兵，

2007）。研究发现不同深度土壤的含水量各不相同，从而形成土壤水分的垂直变化。表 3-3 反映了不同深度土壤含水量的变化程度，可以看出，随着土壤深度的增加，土壤含水量也会随着土层深度增加而增加，表层含水量不稳定变化较大，10 cm 以后土层从上到下土壤水分变化程度由剧烈趋于缓和，土壤水分主要活动在耕地层。

不同的石漠化恢复模式会影响土壤自然含水量，花江示范区含水量高低为：封山育林>天然草地>坡改梯花椒林>自然灌丛>径流池火龙果>撂荒地。封山育林对喀斯特地区保水起着十分重要的作用，这种林下草被和灌木丛模式有很好的储水能力，经过石漠化治理措施后的土壤含水量更高。从图 3-7 可以看出，花江示范区不同等级石漠化土壤自然含水量无明显差异，但封山育林区自然含水量普遍高于其他土地利用类型的自然含水量；在石漠化生态脆弱区，建议采用封山育林模式，减少人为干扰，来提高土壤物理性状。清镇红枫湖示范区土壤含水量高低为：经果林>草地>国家天然保护林>耕地>封山育林>灌草丛>撂荒地(图 3-8)。封山育林和天然保护林对喀斯特地区保水起着十分重要的作用。与传统耕地相比，经果林建设是水土保持的主要措施，在治理水土流失、改

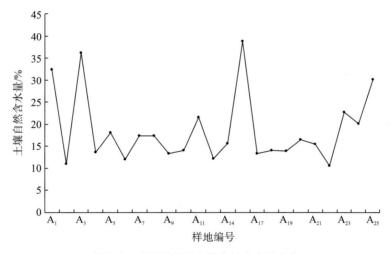

图 3-7　花江示范区土壤自然含水量变化

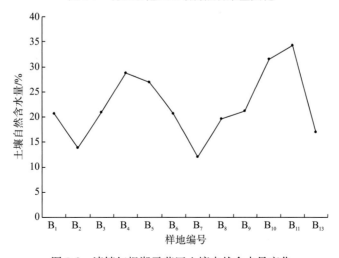

图 3-8　清镇红枫湖示范区土壤自然含水量变化

善生态环境的方面有巨大的优势，在土壤质量条件允许的情况下，应大量种植经果林，不仅能保持水土，更可以增加农民的收入，形成农业产业种植模式。

2. 土壤持水关键因子

在评定土壤持水性时，不能仅以自然含水量的高低来评定土壤水分特性，同时也要看土壤田间持水量和毛管持水量等指标的特征。

土壤田间持水量是表层土壤水分状况的一个指标，是重要的土壤肥力要素。土壤毛管持水量又称最大毛管水量，是指当土壤毛管上升水达到最大量时的土壤含水量。

花江示范区经过改良的坡改梯通过种植花椒（53.44%～59.44%）的田间持水量明显比草地（32.88%）含量高，同时还测定了土壤中毛管悬着水的毛管持水量，代表土壤中毛管孔隙的最大含水量。如图 3-9 所示，经过石漠化治理的坡改梯的土壤毛管持水量高于草地的毛管持水量（40.21%和28.37%），前者是后者的 1.4 倍。上述结果表明，相对于石漠化治理并合理耕作的坡改梯花椒地来说，荒草地的持水能力明显更低。

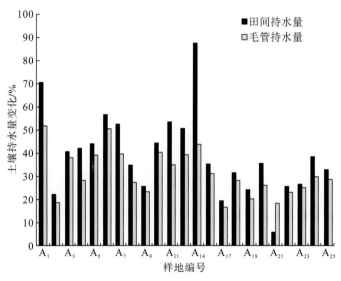

图 3-9　花江示范区土壤持水量变化图

清镇红枫湖示范区不同的土地利用方式下土壤的田间持水量存在较大的差异（图 3-10）。清镇红枫湖示范区土壤田间持水量高低为：经果林>草地>耕地>撂荒地>灌草丛>国家天然保护林>封山育林>水田。可见种植经果林、培育草地等有利于土壤对水分的吸收，达到最佳持水状态；经过合理利用的经果林、撂荒地的持水能力明显提高。

花江示范区封山育林长期受到保护而不受人类活动的影响，土壤水分存储能力比草地、果园和耕地强。石漠化程度强烈的地区，土壤浅薄，影响含水率，进而影响土壤水分调蓄能力，保水能力差，建议在花江示范区的强度石漠化地区进行天然保护，或是采用封山育林的形式，使区域的土壤免受人类活动的干预，慢慢恢复土壤蓄水能力。在清镇红枫湖示范区建议对撂荒地进行合理规划，改种植经果林，实现稳定的生态效益。

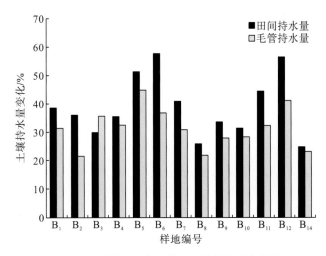

图 3-10 清镇红枫湖示范区土壤持水量变化图

3. 土壤容重

土壤容重是指土壤在未受到破坏的自然情况下单位体积的重量。土壤容重是由土壤孔隙和土壤固体的数量来决定的，土壤容重的大小与土壤质地、结构、有机质含量、土壤紧实度、耕作措施有关。

研究结果显示，不同等级石漠化环境土壤容重存在显著差异，潜在石漠化显著大于中度和强度石漠化；无石漠化、潜在和轻度石漠化土壤容重没有明显差异；随着石漠化程度增加，土壤容重有降低的趋势。

两个示范区的土壤容重无明显差异，不同土地利用方式下不同土层土壤容重未表现出一致的大小变化规律，土壤容重均为 0.6~1.39 g/cm³，花江示范区合理的恢复措施可改善土壤结构，增强土壤对外界环境变化的抵抗力（图 3-11）。清镇红枫湖示范区则通过人工种草或建立天然保护林提高土壤容重，减少人为干扰，建议采取休耕措施改善土壤物理性状（图 3-12）。

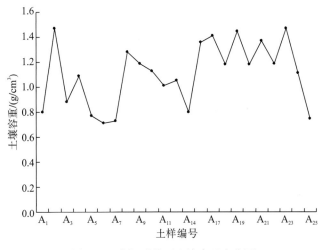

图 3-11 花江示范区土壤容重变化图

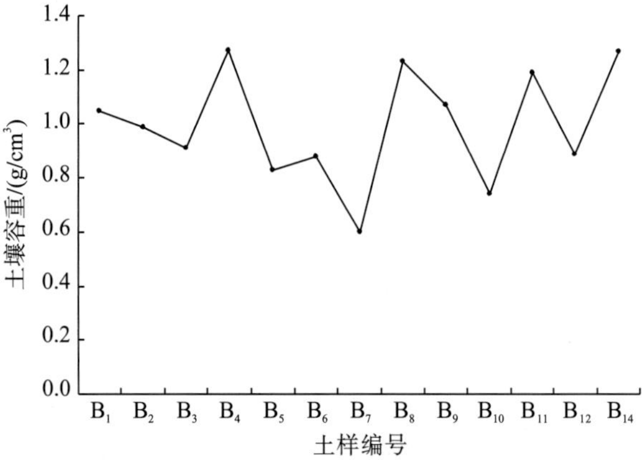

图 3-12 清镇红枫湖示范区土壤容重变化图

4. 土壤孔隙性

孔隙性是土壤结构的重要指标，孔隙的数量和质量反映了土壤结构的好坏，是衡量能否储存水的关键(王金乐，2008)。土壤总孔隙度、毛管孔隙度、非毛管孔隙度是评价土壤孔隙状况的主要指标。土壤总孔隙度反映潜在的蓄水能力和调节水量的能力；毛管孔隙度的大小反映了植被吸持水分用于维持自身生长发育的能力；非毛管孔隙度的大小反映了植被滞留水分发挥涵养水源的能力(王昭艳等，2011)。

在不同石漠化恢复模式下，土壤孔隙性变化有显著差异，花江示范区的封山育林和灌丛草地这种土地利用方式的土壤总孔隙较高，而人工耕地的总孔隙相应较低；经过石漠化治理工程后的土地利用方式下土地土壤通透性更高，坡改梯的总孔隙为 60.51%～65.3%，封山育林也到达了 56.56%，变化较为稳定(图 3-13)。在不同的土地利用方式、不同的植被条件下，土壤孔隙度的差异非常大，土壤总孔隙均值的大小规律是：封山育林>坡改梯>经济林>耕地>天然草地>撂荒地，天然草地和撂荒地的土壤表层总孔隙较低，毛管孔隙度和非毛管孔隙度变化不明显。

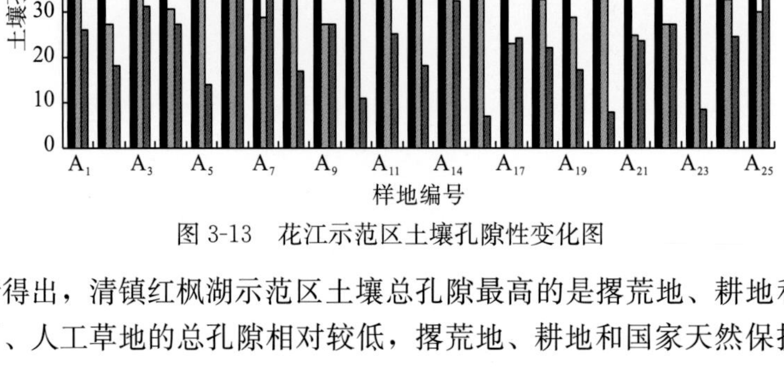

图 3-13 花江示范区土壤孔隙性变化图

通过分析得出，清镇红枫湖示范区土壤总孔隙最高的是撂荒地、耕地和国家天然保护林，而水田、人工草地的总孔隙相对较低，撂荒地、耕地和国家天然保护林的非毛管孔隙度比例较高，占总孔隙的 32.75%～55.42%，土壤总孔隙的大小规律是：撂荒地>国家天然保护林>果园>灌草丛>人工草地>耕地>水田(图 3-14)。在喀斯特石漠化土层浅薄的情况下，合理的土地利用能提高土壤孔隙的通透性和透水性，有效保持水土。

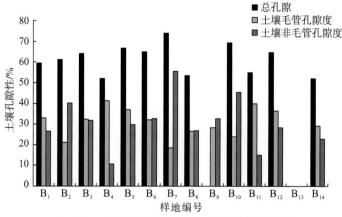

图 3-14　清镇红枫湖示范区土壤孔隙性变化图

5. 土壤化学性质

　　通过不同土地利用方式对比分析可以发现，经过喀斯特石漠化综合治理的水土保持成效明显，研究发现潜在石漠化的 pH 明显小于轻度、强度石漠化，不同植被覆盖下的土壤 pH 有差异，石漠化严重地区相对轻度石漠化地区 pH 偏高，强度石漠化地区的土壤生态环境恶劣，岩石裸露率高，易受碱性地质背景的影响；相反，轻度石漠化地区植被覆盖率高，随着植覆盖率的增加，植被覆盖下的生物活动频繁，微生物生长运动较快，在这些生物死亡后的残体分泌成酸性的物质，这种酸性物质随之存在于土壤中，导致土壤偏酸性，强度石漠化均在 7.6～7.8，pH 偏碱性。石漠化土壤矿化严重，矿质元素含量高，土壤风化程度低，可溶性钙镁和不可溶性钙镁含量高，不适于植物生长。中国一般农田的氮含量为 0.03%～0.35%，而喀斯特地区的含量普遍偏低。两个研究区内的样地的全氮含量大部分低于全国的平均含量，仅为全国平均的 1/3～2/3。

　　花江示范区地形破碎，土层浅薄，石漠化程度严重，土少石多，造成土壤养分供应不足。通过表 3-3 看出，花江示范区土壤总钾偏高，和 pH 成正相关，这样的土壤环境不利于植被生长。在清镇红枫湖示范区，不同土地利用条件下的土壤环境状况不同，林地和草地提供了基础营养物质和较好的养分，由于农用耕地土地利用过程中会施肥，补充了所需要的养分，它的各项指标必然高于林草地和撂荒地(表 3-4)。

　　目前两个示范区已经建立了石漠化综合治理，分为工程治理和生态治理，工程治理有防治水土流失的坡改梯模式，另外通过修建蓄水池、机耕道、径流池等方式来防治水土流失，对土壤也形成了保护作用。在生态治理方面，花江示范区采用以种植花椒为主的经果林，柚木、林下种草等模式，清镇示范区采用种植大片苗圃，蔬菜果园等模式都是通过土地利用方式恢复生态系统。从土壤化学性质分析可以看出，生态治理后土壤营养元素含量相对较高，表示水土流失在降低，土壤肥力在提高，特别是水土流失严重的花江示范区开展的"顶坛花椒模式"和"火龙果种植基地"的培育，已经形成了很好的生态效益。

表 3-3　花江示范区土壤理化指标

样地	土壤含水量/%	田间持水量/%	毛管持水量/%	渗透率/μm²	土壤容重/(g/cm³)	总孔隙度/%	毛管孔隙度/%	土壤非毛管孔隙度/%	总氮/(g/kg)	全磷/(g/kg)	总钾/(g/kg)	pH	二氧化碳浓度/ppm	湿度/%	土壤呼吸	土壤温度/℃
A$_1$	32.44	70.46	51.56	242.31	0.80	67.44	41.42	26.02					339	34.8	1.37	32.9
A$_2$	10.94	22.06	18.55	8.99	1.47	45.41	27.28	18.33					352	31.6	2.98	30.5
A$_3$	36.20	40.41	38.00	127.49	0.88	64.90	33.45	31.45								
A$_4$	13.59	41.91	27.99	17.99	1.09	57.67	30.60	27.27	0.0830	0.7011	8.3900		494	29	15.84	25.9
A$_5$	18.08	43.95	38.83	155.05	0.77	57.26	43.23	14.03	0.0078	0.1046	7.3293		355	33.1	0.04	27.4
A$_6$	11.93	56.73	50.50	296.72	0.71	70.62	35.70	34.92	0.1772	1.1145	11.0748		517	31.3	5.76	25.5
A$_7$	17.39	52.37	39.55	191.23	0.73	69.75	29.01	40.74	0.0931	0.6984	12.1049		362	32.8	2.35	27.5
A$_8$	17.35	34.85	27.25	57.93	1.28	51.80	34.81	16.99	0.0093	0.3100	7.6106					27.5
A$_9$	13.35	25.36	23.05	23.47	1.19	54.78	27.36	27.42								
A$_{10}$	13.98	44.12	40.14	3.98	1.13	56.57	45.47	11.10	0.0126	0.3242	6.3952					
A$_{11}$	21.55	53.44	34.76	358.96	1.01	60.51	35.23	25.28	0.2669	2.4007	6.3845	7.9				
A$_{12}$	12.21	50.57	39.02	104.09	1.05	59.29	40.99	18.30	0.0396	0.6104	1.2383	7.8				
A$_{13}$									1.1182	1.1024	0.8473	7.6				
A$_{14}$	15.64	87.39	43.52	146.22	0.80	67.44	34.97	32.47					387	32.7	1.21	30.1
A$_{15}$													356	35.9	3.54	32.5
A$_{16}$	38.71	34.89	31.05	19.70	1.36	49.22	42.09	7.13								
A$_{17}$	13.35	19.40	16.27	3.98	1.41	47.29	23.00	24.29								
A$_{18}$	14.04	31.39	28.00	89.95	1.18	55.06	33.00	22.06	0.2064	2.0014	6.3232		394	26.4	5.88	25.8
A$_{19}$	13.88	24.08	20.02	120.53	1.45	46.20	28.97	17.23								
A$_{20}$	16.56	35.45	26.00	10.24	1.18	51.25	43.36	7.89	0.0183	0.2086	12.2529	8	384	29.3	5.08	25.5
A$_{21}$	15.51	5.67	18.17	10.24	1.37	48.58	24.98	23.60								
A$_{22}$	10.56	25.36	23.05	23.47	1.19	54.78	27.36	27.42								
A$_{23}$	22.74	26.45	25.01	3.01	1.47	45.32	36.86	8.46	0.1719	0.9916	11.8764					
A$_{24}$	20.11	38.30	29.62	218.74	1.11	57.47	32.74	24.73	0.0201	0.1489	9.1749					
A$_{25}$	30.15	32.86	28.37	168.35	0.75	69.09	30.09	39.00	0.0196	0.2006	11.1182					

注: 由于实验设备和中途实验样品损耗等原因,造成本研究分析数据不全面,以后的研究可以在指标的选择上进行完善,土壤性质方面的研究有待深入和具体

表 3-4　清镇红枫湖示范区土壤理化指标

样地	土壤含水量/%	田间持水量/%	毛管持水量/%	渗透率/μm²	土壤容重/(g/cm³)	总孔隙/%	土壤毛管孔隙度/%	土壤非毛管孔隙度/%	总氮/(g/kg)	全磷/(g/kg)	总钾/(g/kg)	pH	二氧化碳浓度/ppm	湿度/%	土壤呼吸	土壤温度/℃
B_1	20.67	38.34	31.34	22.13	1.0475	59.38	32.83	26.55	0.2928	0.5549	2.3744	7.3				
B_2	13.8	35.89	21.40	289.13	0.99	61.28	21.19	40.09	0.2216	0.2323	2.7343	7.4	384	10	0.22	10.2
B_3	20.95	29.82	35.64	90.184	0.91	64.05	32.29	31.76	0.2254	0.3071	4.0847	7.3				
B_4	28.72	35.43	32.39		1.2739	51.91	41.26	10.65	0.1428	0.7767	3.4212	7.8	425	11	1.05	9.2
B_5	26.89	51.30	44.64	110.16	0.83	66.72	36.84	29.88	0.0155	0.1153	12.1659					
B_6	20.67	57.49	36.66	8.81	0.88	64.96	32.2	32.76	0.1524	0.8551	4.3746					
B_7	12.06	40.82	30.87	250.35	0.6	74.04	18.62	55.42	0.0164	0.2011	6.6594					
B_8	19.59	32.49	19.24	11.81	1.23	53.46	26.53	26.93	0.0555	0.2262	13.9584					
B_9	21.15	33.32	28.39	29.57	1.07	60.96	28.38	32.58	0.2090	0.2124	4.6699	7.7				
B_{10}	31.48	37.83	32.30	9.38	0.74	69.39	24.04	45.35	1.1414	0.3583	3.4078	7.8				
B_{11}	25.74	25.74	36.46	12.73	1.19	54.82	39.84	14.98	0.1494	0.6195	3.4451	7.6				
B_{12}	34.03	34.30	56.30	125.96	0.8891	64.61	36.37	28.24	0.1400	1.0162	3.3840	7.8				
B_{13}									0.0598	0.2663	0.6750	7.8				
B_{14}	16.97	16.97	24.73	124.42	1.2696	52.06	29.31	22.75					765	10.2	0.12	8.8

注：由于实验设备和中途实验样品损耗等原因，造成本研究分析数据不全面，以后的研究可以在指标的选择上进行完善深入

6. 土壤呼吸

土壤呼吸是指未受扰动的土壤中由有机体、根和菌根的呼吸排放 CO_2 的一种代谢作用。土壤不仅是碳循环中的核心部分,还是土壤有机质矿化速率和异养代谢活性的重要指示,土壤呼吸是土壤生态系统的重要组成部分,表现为土壤生态系统营养的循环和能量的转化。

土壤中微生物的呼吸作用形成土壤呼吸,土壤呼吸可以衡量土壤微生物的总活性,用来评价土壤肥力指标,有机肥的施入对土壤呼吸呈正相关的带动影响。土壤呼吸的高低取决于土壤温度的变化,土壤呼吸速率的变动与上覆植被密切相关,上覆植被通过多种途径影响土壤呼吸。把清镇红枫湖示范区的样地封山育林(B_2)和耕地(B_{14})进行对比分析,不难看出耕地的土壤呼吸值明显高于封山育林的土壤呼吸值,这是由于在耕地中施肥对样地有影响,人工施入肥料后被植物吸收,改变了土壤生态系统中的化学元素的组成,封山育林几乎不施肥,所以它的呼吸指数起伏不大,也不会影响土壤中的化学元素。各样地土壤呼吸指数变化情况见图 3-15。

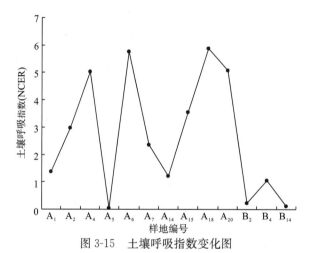

图 3-15　土壤呼吸指数变化图

7. 土壤微生物量碳含量

实验选取了关岭-贞丰花江示范区 10 个样地,清镇红枫湖示范区 3 个样地进行测定,针对不同土地利用条件下土壤 CO_2 释放量进行观测,观测结果见图 3-16。

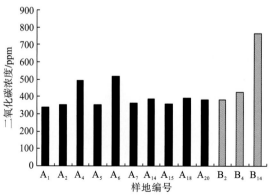

图 3-16　不同土地利用方式下土壤 CO_2 释放量

不同土地利用方式条件下土壤微生物量二氧化碳含量变幅很大，关岭－贞丰花江示范区微生物量二氧化碳为 $330\sim517$ mg/kg，清镇红枫湖示范区的微生物量二氧化碳含量为 $384\sim765$ mg/kg。清镇红枫湖示范区的微生物量 CO_2 最高含量比关岭－贞丰花江示范区的明显高，约为后者的 1.5 倍，这是由于清镇红枫湖示范区的土地利用类型中耕地较多，其氮磷施肥量也相应较多，有机肥的施入提高了土壤微生物的碳、氮含量。清镇红枫湖示范区的样地（水田耕地）B_{14} 比其他土地利用方式下的 CO_2 含量明显偏高，说明这个样地由于人类活动的干预，造成 CO_2 浓度高，使这个样地的土壤呼吸生态系统特征有差别。可以看出，同一示范区不同土地利用方式土壤呼吸的差异也较明显，灌丛和草地的 CO_2 含量偏低，说明其组织化水平较低，容易受人为干预的影响。

8. 土壤基础呼吸、土壤微生物 CO_2 与土壤基本化学性质之间的相关性

相关分析结果表明，土壤温度与土壤湿度、土壤总钾和土壤湿度呈显著相关，说明土壤湿度对这两个因素有很大影响；土壤湿度与土壤 CO_2、土壤总钾呈微弱相关；土壤湿度和土壤总氮完全不相关；土壤 CO_2 除了与土壤呼吸显著相关以外，与土壤湿度、土壤温度、总氮、全磷、总钾都是微弱相关或低度相关，说明土壤中 CO_2 影响着土壤微生物的活动，进而影响了土壤基础呼吸；土壤温度和土壤总钾显著相关，土壤温度与土壤呼吸呈低度相关，与土壤 CO_2 和土壤全磷呈微弱相关；土壤氮、磷、钾中，除了土壤全磷与土壤总氮显著相关、土壤总钾和土壤湿度、土壤温度呈显著相关外，土壤氮、磷、钾与土壤呼吸、土壤 CO_2 浓度、土壤温度等因子都呈微弱相关或是完全不相关。土壤呼吸速率和土壤温度呈正相关，由此得出土壤呼吸速率主要受土壤温度的影响，太阳辐射通过影响土壤温度从而影响土壤呼吸。

表 3-5　基于不同土地利用土壤因子相关性分析

项目	土壤呼吸	土壤 CO_2 浓度/ppm	土壤湿度/%	土壤温度/℃	总氮/(g/kg)	全磷/(g/kg)	总钾/(g/kg)
土壤呼吸	1						
二氧化碳浓度/ppm	0.667	1					
土壤湿度/%	0.343	0.056	1				
土壤温度/℃	0.411	0.031	0.983	1			
总氮/(g/kg)	−0.082	0.275	−0.569	−0.503	1		
全磷/(g/kg)	0.287	0.312	0.082	0.179	0.587	1	
总钾/(g/kg)	0.305	0.12	0.843	0.801	−0.515	−0.03	1

3.3　植物群落多样性监测实验

3.3.1　实验设备

通常采用 CI-110 植物冠层分析仪对群落样方中典型植物进行叶面积指数（LAI）测量。CI-110 是由一个鱼眼图像获取装置、植物冠层分析软件及一个手持电脑构成（图 3-15），软件对获取的图像进行数字化及相关处理。CI-110 采用空隙比计算方法，假设叶片随机分布。对于有大空隙的非均匀性群体，将高估直接辐射透过系数，从而低估叶面积指数

LAI。因此申请了一种适用于高原山地气候的叶面积指数仪(专利号：ZL 2014 20186652.4)，通过在传感器上设置可调角度遮盖帽条，可以在高原山地气候下更加准确地测量即时的光合有效辐射(PAR)和叶面积指数(LAI)数据，解决了在日照强烈的高原山地气候下散射辐射数量偏高的弊端，保证了植被冠层的即时光合有效辐射和叶面积指数数据快速的、精确的、非破坏性的评估。

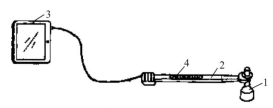

图 3-15　CI-110 植物冠层分析仪

1. 鱼眼成像探头；2. 杆式传感器；3. 手持电脑；4. 可调角度遮盖帽条

3.3.2　计算方法

以重要值(important value，IV)作为判定群落各层次优势种和划分群落类型的主要指标，其中：

乔木物种

$$IV = (RP + RD + RF)/3 \tag{3-5}$$

灌木和草本物种

$$IV = (RD + RF + RC)/3 \tag{3-6}$$

式中，RP 表示相对显著度；RD 表示相对密度；RF 表示相对频度；RC 表示相对盖度。

α 多样性的测度选用 Simpson 指数(D)、Shannon-Winner 指数(H)、Pielou 均匀度指数(J)和 Margalef 丰富度指数(R)4 类，相应的计算公式如下：

Simpson 指数

$$D = 1 - \sum P_i^2 \tag{3-7}$$

Shannon-Winner 指数

$$H = - \sum P_i \ln P_i \tag{3-8}$$

Pielou 均匀度指数

$$J = H/\ln S \tag{3-9}$$

Margalef 丰富度指数

$$R = (S - 1)/\ln N \tag{3-10}$$

式中，$P_i = N_i/N$，即物种 i 的相对重要值；N_i 为第 i 个物种的重要值；N 为群落中所有物种重要值之和；S 为物种 i 所在样方的物种总数；N 为样地中的总个体数。

3.3.3　实验样地分析与评价

根据植被恢复阶段的生物学特征，选取乔木、灌木、草本 3 种典型植物群落样地进行调查。根据石漠化不同演变阶段设置 15 个监测样地，结合遥感影像图与手持 GPS 野外测量结果，绘制花江示范区植被监测样点分布图(图 3-16)。样地照片和监测照片如图 3-17 和图 3-18 所示。

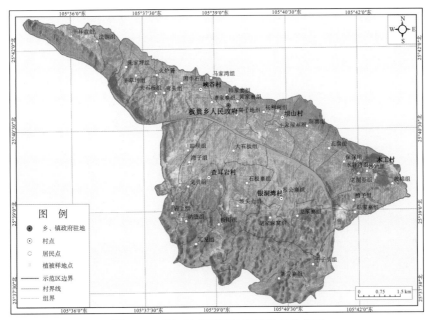

图 3-16　花江示范区植被监测样点分布图

图 3-17　样地照片

图 3-18　监测照片

运用 ArcGIS 软件中 Geostatistical Analyst 工具，对所选样地做空间自相关性分析，结果显示花江示范区的植被样地具有较大的空间相关性，因此样点选取是合理的(图 3-19)。

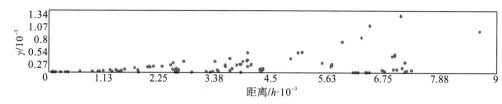

图 3-19　花江示范区植被样地半变异函数图

3.3.4　石漠化不同演变阶段植物群落多样性评价

1. 石漠化不同演变阶段植物群落调查结果

花江峡谷是典型的干热河谷气候区，其生境条件干燥、暖热，人为活动破坏严重，现存植被群落以人工植被为主。据野外调查结果统计，示范区有乔木 50 余种，灌木 30 余种，草本较少。

石漠化不同演变阶段具有不同的生境条件，这就决定了不同的植物组合类型。潜在石漠化阶段，水土流失不太明显，但坡度相对较大、土层厚度较薄，生境干燥、缺水、易旱，植物组合类型为皇竹草、苦草等。轻度石漠化阶段，坡度在 15°以上，土被覆盖率一般在 35％以下，植物组合类型为花椒、构树等。中度石漠化阶段，土壤侵蚀严重，土被覆盖率 20％以下，且分布零星破碎，土层平均厚度小，受人为活动干扰强烈，植物组合类型为花椒、荆条、砂仁等。强度石漠化阶段，土壤侵蚀强烈，甚至无土可流，现存土壤多残留于岩石裂隙中，土被覆盖度低，坡度陡，以低矮灌丛为主，植被覆盖度低于20％，植被组合方式主要为花椒、仙人掌等。

2. 石漠化不同演变阶段植物群落优势种的变化规律

重要值是衡量植物在群落中是否处于优势种的重要指标之一(穆彪等，2008；杨华斌等，2009)。以植被覆盖率为依据，将样方以石漠化不同演变阶段分类，植被覆盖率大于50％的样方为潜在石漠化，35％～50％的样方为轻度石漠化，20％～35％的样方为中度石漠化，小于 20％的样方为强度石漠化(梅再美等，2004)。根据重要值计算公式计算石漠化不同演变阶段植物群落优势种的重要值(表 3-5)。

表 3-5　石漠化不同演变阶段植物群落优势种的重要值　　　　　　(单位：％)

石漠化 演变阶段	样地	植物名	RD	RP	RF	RC	IV
潜在石漠化	A₄	皇竹草	77	—	19	45	47
		苦草	23	—	31	10	21.33
	A₂₁	皇竹草	85	—	19	55	53
		苦草	15	—	31	10	18.67
	A₂₃	皇竹草	84	—	19	50	51
		苦草	16	—	31	10	19

续表

石漠化演变阶段	样地	植物名	RD	RP	RF	RC	IV
轻度石漠化	A₁	桃树	54	78	6	—	46
		花椒	46	—	63	21	43.33
轻度石漠化	A₉	栗子树	78	51	6	—	45
		臭椿	22	—	6	5	11
	A₁₇	花椒	1	—	63	25	32.67
		砂仁	9	—	13	15	39.33
	A₂₀	火龙果	41	—	6	25	24
		皇竹草	59	—	31	65	51.67
中度石漠化	A₂	构树	2	9	6	—	5.67
		复叶栾树	54	33	13	—	0.33
		花椒	3	—	63	35	42.67
		荆条	14	—	6	15	11.67
	A₆	柚木	87	8	13	—	53.33
		花椒	13	—	63	15	30.33
	A₅	花椒	62	—	63	1	45
		砂仁	38	—	13	46	30.67
	A₁₈	橘子树	14	15	6	—	11.67
		花椒	86	—	63	1	53
强度石漠化	A₁₆	花椒	33	—	63	45	47
		仙人掌	67	—	6	2	31
	A₁₄	复叶栾树	1	1	13	—	11
		核桃树	2	5	6	—	4.33
		女贞	52	—	6	2	26
		花椒	36	—	63	3	39.67
	A₅	柚木	87	2	13	—	40
		花椒	13	—	63	2	32
	A₇	花椒	3	—	63	45	46
		皇竹草	7	—	31	15	38.67

　　在潜在和轻度石漠化阶段，草本植物占据优势，主要是皇竹草和苈草；其次是桃树、栗子树等乔木，其相对密度高，因而具有较高的重要值；花椒、砂仁等灌木的重要值相对较低，属于伴生种。藤本植物火龙果则属于偶见种。在中度和强度石漠化阶段，草本

植物不再占据优势，花椒、砂仁、仙人掌相对频度高，重要值占据优势，构树、复叶栾树等乔木的重要值有所下降，沦为偶见种。

在样方调查时发现，以花椒为代表的灌木群落，部分阶段是优势种，而在有些阶段是伴生种，这可能与该阶段的生境密切相关。随着石漠化的恶化演变，基岩裸露率不断变高，土层厚度逐渐变薄，干旱更加严重，花椒随之旺盛，对群落结构和稳定性的影响明显。

3. 石漠化不同演变阶段植物群落多样性变化规律

喀斯特地区植被恢复是解决石漠化环境问题的重要前提，而物种多样性的恢复与发展又是植被恢复的关键。采用 α 多样性测度方法对花江示范区的植物群落多样性按潜在石漠化、轻度石漠化、中度石漠化和强度石漠化分别进行测度，得到石漠化不同演变阶段植物群落的多样性指数(图 3-20)。

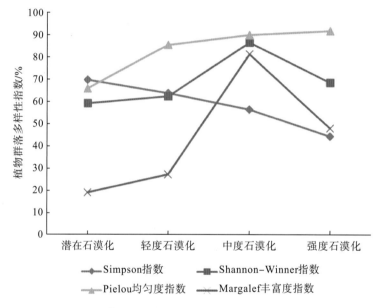

图 3-20　石漠化不同演变阶段植物群落多样性指数的变化

在石漠化不同演变阶段，植物群落的多样性指数各不相同：Simpson 指数在从潜在石漠化演变到强度石漠化的过程中呈现出逐渐下降的规律；Shannon-Winner 多样性指数在从潜在石漠化演变到中度石漠化的过程中逐渐上升，从中度石漠化到强度石漠化则逐渐下降；Pielou 均匀度指数在从潜在石漠化演变到强度石漠化的过程中出现逐渐上升的规律；Margalef 丰富度指数在从潜在石漠化演变到中度石漠化的过程中上升，从中度石漠化到强度石漠化则下降。

物种多样性是生物多样性的简单度量，是衡量一定地区生物资源丰富程度的一个客观指标，可以反映出不同生境条件下植物群落多样性的变化规律。石漠化不同演变阶段植物群落 Simpson 指数、Shannon-Winner 指数、Pielou 均匀度指数和 Margalef 丰富度指数随着石漠化演变的进行而呈现出独特的变化趋势，这与近年来该地区的石漠化综合治理措施有关。

在喀斯特生态系统恢复重建中，植被恢复是关键和核心，是改善喀斯特地区生态环境的重要手段。在中度石漠化和强度石漠化地区应以保持水土为主要目标，努力提高植被覆盖度，增加生物多样性，形成混交林，选择适生、易存活且生态效益高的乡土乔、灌木树种或草种。在潜在和轻度石漠化阶段地区以水源涵养为目标，选择具有一定经济效益的树种，以人工造林更新为主要方式，结合原有的自然植被与天然更新，形成稳定的多用途乔林群落，达到保持水土和涵养水源等目的。同时要尽可能保留原有乔灌草植被，形成较稳定的环境和增加生物多样性；提高生态系统的多样性，从而提高喀斯特地区生态系统的稳定程度。

第 4 章　喀斯特石漠化演替

4.1　喀斯特石漠化时空格局

喀斯特山区石漠化土地的演替极为复杂，有正向和逆向两种变化方式，正、逆向演化系列时间并存、空间互补（熊康宁等，2002）。石漠化各类型之间的演变具有转移、多变、"此消彼长"的特点（白晓永等，2009）。目前对于石漠化过程、演替模式等的研究基本停留在定性分析阶段，定量化和空间性研究不足，理论体系相当零散（任海，2005）。从石漠化综合治理示范区角度，依据喀斯特石漠化等级划分（熊康宁等，2002）和遥感制图标准（周忠发，2001），运用 GIS 与遥感技术为主要手段，采用定位监测、定量分析的方法，从时间和空间上定量、定位追踪石漠化的发展演化过程（姚永慧，2014）；从人为干预生态恢复角度，提出石漠化主要演变方式，从人为干预下石漠化时空演变过程中的主要方式、演变方向与规模、演变速度、演变过程（正向、逆向过程）等几个方面入手，探讨石漠化的时空演变过程，为更好地开展石漠化的综合治理提供理论依据。

4.1.1　数据来源与研究方法

采用 TM 官方网站和国际科学数据服务平台下载的 2000 年 ETM+、2005 年 TM、2010 年 ALOS，2013 年 OLI 遥感数据和 2013 年 SPOT 数据，以及 1：20 万区域水文地质图、贵州省 1：20 万土壤类型分布图、1：1 万地形图等基础数据，在 ArcGIS 和 ENVI 平台交互操作获取 2000 年、2005 年、2010 年和 2013 年的石漠化空间分布图，并利用 GIS 的空间分析功能生成系列数据。

美国陆地卫星系列 Landsat-5 和 Landsat-7 卫星均由美国国家航空航天局（NASA）发射，其携带的主要传感器分别为 TM 和 ETM+，二者在空间分辨率和光谱特性等方面基本一致，并且为所有用户提供免费提供遥感影像数据。本书所用的 TM、ETM+ 和 OLI 遥感数据由美国地质勘探局（USGS）网站免费下载（https://lpdaac.usgs.gov/）。

4.1.2　喀斯特高原峡谷区石漠化时空格局

从 2000~2013 年的 14 年间（表 4-1 和图 4-1~图 4-4），花江示范区已石漠化土地（KRD）的总面积由 3277.11 hm² 下降为 2786.92 hm²，净面积变化为 490.19 hm²，年平均减少面积为 37.71 hm²，已石漠化面积比例下降 10.80%，石漠化总面积变化不太明显。无石漠化面积增加 272.50 hm²，潜在石漠化面积增加 217.69 hm²，轻度石漠化面积增加 330.15 hm²，中度石漠化面积减少 367.03 hm²，强度石漠化面积减少 227.40 hm²，极强度石漠化面积减少 225.91 hm²，各个等级石漠化面积变化也不大。从整体上看，无石漠化面积不断增加，生态环境持续变好；潜在石漠化面积在增加，但经历了先增加后减少的过程，生态环境在 2005 年后有所好转；轻度石漠化面积也在增加，与潜在石漠化相反，它经历了一个先减少后增加的过程，生态环境在 2005 年后持续好转；中度石漠化、强度石漠化和极强度石漠化面积不断减少，生态环境持续好转。2014 年，由于查耳岩一带受到大理石开采的干扰，强度石漠化呈现上升趋势，一年之内上升了 48.08 hm²，上升速度非常快，应尽快加强管理措施甚至停止开采。

表 4-1 花江示范区 2000～2013 年石漠化面积统计表   （单位：hm²）

石漠化类型(编码)	2000 年	2005 年	2010 年	2013 年
无石漠化(11)	558.33	583.21	818.16	830.83
潜在石漠化(12)	702.96	1062.02	930.44	920.65
轻度石漠化(13)	1216.13	1129.7	1505.62	1546.28
中度石漠化(14)	1022.42	910.67	657.87	655.39
强度石漠化(15)	812.65	766.31	626.31	585.25
极强度石漠化(16)	225.91	86.49	0.00	0.00
已石漠化	3277.11	2893.17	2789.8	2786.92

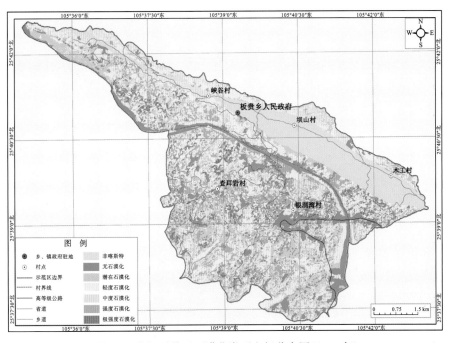

图 4-1 花江示范区石漠化类型空间分布图(2000 年)

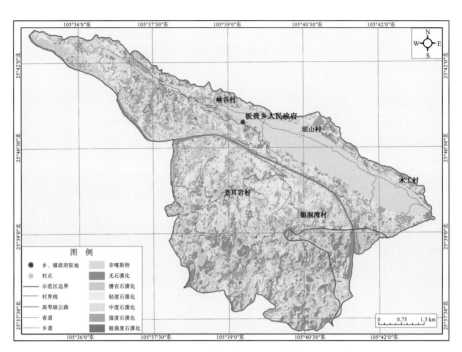

图 4-2 花江示范区石漠化类型空间分布图（2005 年）

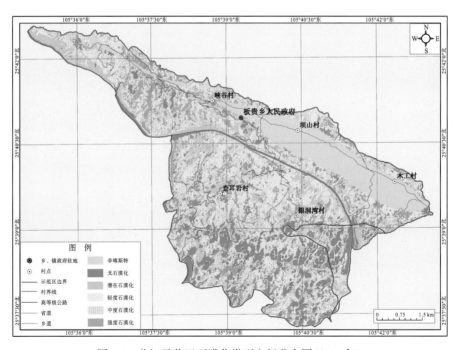

图 4-3 花江示范区石漠化类型空间分布图（2010 年）

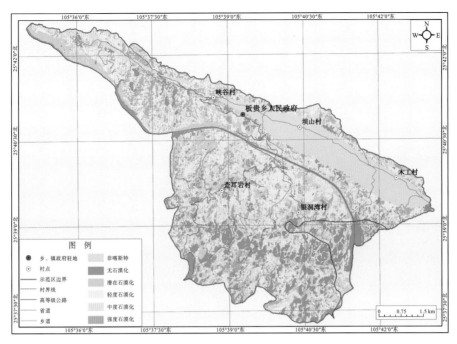

图 4-4 花江示范区石漠化类型空间分布图(2013 年)

4.1.3 喀斯特高原盆地区石漠化时空格局

清镇红枫湖示范区，从 2000~2013 年的 14 年间(表 4-2 及图 4-5~图 4-8)，已石漠化土地(KRD)的总面积由 1549.69 hm² 下降为 1276.25 hm²，净面积变化为 273.44 hm²，年平均减少面积为 21.03 hm²，已石漠化面积比例下降 4.77%，石漠化总面积变化不太明显，各个等级类型石漠化的年增减量变化程度较小，发展或逆转的速度也相差不大。无石漠化面积增加 205.21 hm²，潜在石漠化面积增加 68.23 hm²，轻度石漠化面积减少 15.42 hm²，中度石漠化面积减少 254.83 hm²，强度石漠化面积减少 3.71 hm²，各个等级石漠化面积变化也不大。同时发现，无石漠化面积在 2000~2010 年不断增加，之后有所减少；潜在石漠化面积在不断增加；轻度石漠化面积整体在减少，但经历了一个先减少后增加的过程，生态环境在 10 年后持续好转；中度石漠化面积在持续减少，生态环境不断好转；强度石漠化面积整体在减少，它经历了一个先增加后减少的过程，2010 年后生态环境有所好转。

表 4-2 清镇红枫湖示范区 2000~2013 年石漠化类型面积统计表 （单位：hm²）

石漠化类型	2000 年	2005 年	2010 年	2013 年
无石漠化	3143.74	3145.56	3367.32	3348.95
潜在石漠化	1050.57	1054.17	1095.44	1118.80
轻度石漠化	927.75	946.48	847.69	912.33
中度石漠化	596.23	578.36	408.50	341.92
强度石漠化	25.71	19.43	25.05	22.00
已石漠化	1549.69	1544.27	1281.24	1276.25

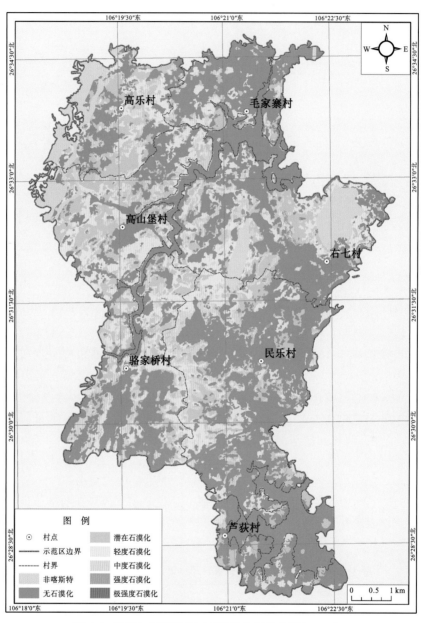

图 4-5　清镇红枫湖示范区石漠化空间分布图(2000 年)

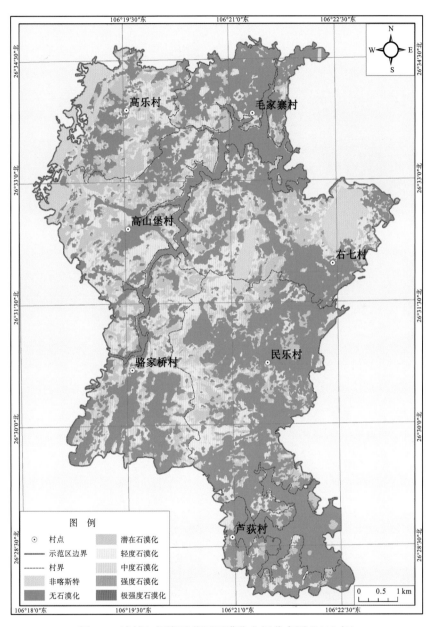

图 4-6 清镇红枫湖示范区石漠化空间分布图(2005 年)

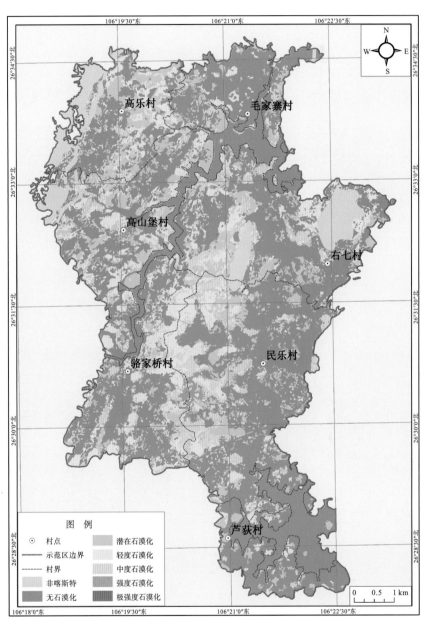

图 4-7　清镇红枫湖示范区石漠化空间分布图（2010 年）

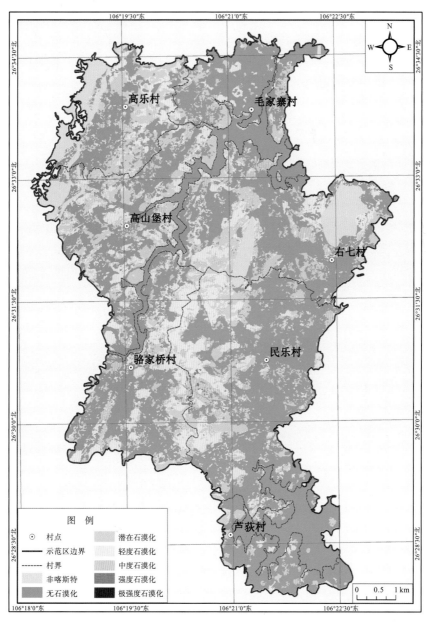

图 4-8　清镇红枫湖示范区石漠化空间分布图(2013 年)

4.2　喀斯特石漠化演变过程

4.2.1　石漠化演变方式

　　从生态环境演替规律角度分析,石漠化过程实际上是生态环境逆向演替过程,它包含了土地环境、植被环境和水环境的退化(熊康宁等,2002)。按照生态环境演替规律,可以将石漠化的时空演变划分为以下 4 种主要方式:①不变型,即在研究期间内,石漠化类型没有发生变化。②持续好转型,指石漠化等级的逆向演变类型,即 c→ b→a 型。

这种石漠化类型的演变过程中，石漠化程度有所降低，生态有所恢复，反映了石漠化生态环境具有可恢复性。③反复变化型，指石漠化等级反复发生变化，即 b→a→b 或 a→b→a 型。在演变过程中，石漠化程度时好时坏，生态状况不断波动，反映了石漠化生态环境的脆弱性与较低的可持续能力。④持续恶化型，指石漠化等级的顺向演变，即 a→b→c 型。在演变过程中，石漠化程度不断加重，生态退化，反映了石漠化生态环境综合防治、恢复与保护的必要性。

在 ArcGIS 和 ENVI 平台交互操作获取 2000 年和 2013 年的石漠化空间分布特征，并进行空间叠加，得出研究区石漠化演变方式（图 4-9 和图 4-10）。利用转移矩阵方法，从整个示范区尺度和不同等级石漠化尺度分别研究石漠化转移轨迹。

石漠化的演变方式复杂多变，为了研究石漠化的转变方式，需分时间段来详细统计。在 ArcGIS 平台，对 4 个时期石漠化数据进行空间叠加分析与运算，得出了 2000～2013 年两个研究区石漠化的详细演变轨迹与过程（表 4-3 和表 4-4）。

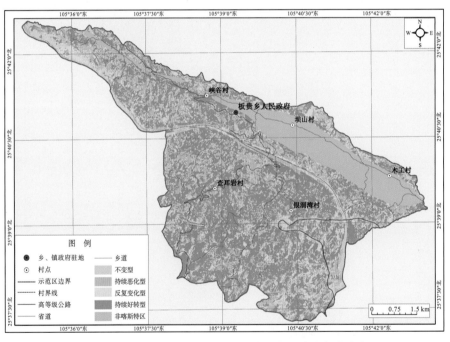

图 4-9　花江示范区 2000～2013 年石漠化典型演变方式分布图

表 4-3　花江示范区 2000～2013 年石漠化典型演变轨迹及类型

演变方式	轨迹类型/种	典型演变轨迹				面积/hm²	占 2000 年石漠化面积比例/%
		2000 年	2005 年	2010 年	2013 年		
不变型	5	潜在石漠化	潜在石漠化	潜在石漠化	潜在石漠化	902.95	19.90
		轻度石漠化	轻度石漠化	轻度石漠化	轻度石漠化		
		中度石漠化	中度石漠化	中度石漠化	中度石漠化		
		强度石漠化	强度石漠化	强度石漠化	强度石漠化		
		无石漠化	无石漠化	无石漠化	无石漠化		

续表

演变方式	轨迹类型/种	典型演变轨迹				面积/hm²	占2000年石漠化面积比例/%
		2000 年	2005 年	2010 年	2013 年		
反复变化型	112	无石漠化	无石漠化	潜在石漠化	无石漠化	536.95	11.83
		无石漠化	无石漠化	轻度石漠化	无石漠化		
		潜在石漠化	中度石漠化	无石漠化	潜在石漠化		
		潜在石漠化	中度石漠化	无石漠化	轻度石漠化		
		轻度石漠化	中度石漠化	无石漠化	潜在石漠化		
		轻度石漠化	强度石漠化	轻度石漠化	潜在石漠化		
		轻度石漠化	极强度石漠化	轻度石漠化	强度石漠化		
		中度石漠化	极强度石漠化	强度石漠化	中度石漠化		
		强度石漠化	极强度石漠化	强度石漠化	轻度石漠化		
		中度石漠化	无石漠化	无石漠化	轻度石漠化		
		⋮	⋮	⋮	⋮		
持续好转型	56	潜在石漠化	无石漠化	无石漠化	无石漠化	2215.66	48.82
		潜在石漠化	潜在石漠化	无石漠化	无石漠化		
		轻度石漠化	潜在石漠化	无石漠化	无石漠化		
		轻度石漠化	潜在石漠化	潜在石漠化	无石漠化		
		中度石漠化	轻度石漠化	轻度石漠化	潜在石漠化		
		中度石漠化	中度石漠化	潜在石漠化	无石漠化		
		强度石漠化	中度石漠化	轻度石漠化	无石漠化		
		强度石漠化	中度石漠化	轻度石漠化	轻度石漠化		
		极强度石漠化	极强度石漠化	中度石漠化	中度石漠化		
		⋮	⋮	⋮	⋮		
持续恶化型	14	无石漠化	潜在石漠化	潜在石漠化	潜在石漠化	882.26	19.44
		无石漠化	轻度石漠化	轻度石漠化	轻度石漠化		
		潜在石漠化	中度石漠化	中度石漠化	中度石漠化		
		轻度石漠化	中度石漠化	中度石漠化	中度石漠化		
		中度石漠化	强度石漠化	强度石漠化	强度石漠化		
		⋮	⋮	⋮	⋮		

研究结果表明,在花江示范区 14 年间石漠化类型演变过程空间分析中,共计有 187 种演变轨迹,包括不变型、持续好转型、反复变化型、持续恶化型 4 种主要的演变方式。2000~2013 年间花江示范区石漠化的演变以持续好转型为主,占 2000 年石漠化面积比例达 48.82 %,表明示范区的生态环境在持续好转;其次为不变型、持续恶化型和反复变化型。由石漠化的演变轨迹可以得出,石漠化类型之间的演替是一个复杂而多变的过程,生态环境受到人为的干预也发生着破坏与恢复过程的循环变化。

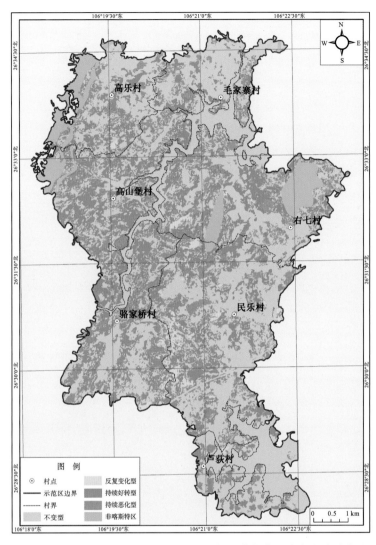

图 4-10　清镇红枫湖示范区 2000～2013 年石漠化典型演变方式分布图

表 4-4　清镇红枫湖示范区 2000～2013 年石漠化典型演变轨迹及类型

演变方式	轨迹类型/种	典型演变轨迹				面积 /hm²	占 2000 年石漠 化面积比例/%
		2000 年	2005 年	2010 年	2013 年		
不变型	5	潜在石漠化	潜在石漠化	潜在石漠化	潜在石漠化	3091.56	53.82
		轻度石漠化	轻度石漠化	轻度石漠化	轻度石漠化		
		中度石漠化	中度石漠化	中度石漠化	中度石漠化		
		强度石漠化	强度石漠化	强度石漠化	强度石漠化		
		无石漠化	无石漠化	无石漠化	无石漠化		
反复 变化型	43	无石漠化	无石漠化	潜在石漠化	无石漠化	95.88	1.67
		无石漠化	无石漠化	轻度石漠化	无石漠化		
		潜在石漠化	中度石漠化	无石漠化	潜在石漠化		

续表

演变方式	轨迹类型/种	典型演变轨迹				面积/hm²	占2000年石漠化面积比例/%
		2000 年	2005 年	2010 年	2013 年		
反复变化型	43	潜在石漠化	中度石漠化	无石漠化	轻度石漠化	95.88	1.67
		轻度石漠化	中度石漠化	无石漠化	潜在石漠化		
		轻度石漠化	强度石漠化	轻度石漠化	潜在石漠化		
		轻度石漠化	极强度石漠化	轻度石漠化	强度石漠化		
		中度石漠化	极强度石漠化	强度石漠化	中度石漠化		
		强度石漠化	极强度石漠化	强度石漠化	轻度石漠化		
		中度石漠化	无石漠化	无石漠化	轻度石漠化		
		⋮	⋮	⋮	⋮		
持续好转型	27	潜在石漠化	无石漠化	无石漠化	无石漠化	1530.8	26.65
		潜在石漠化	潜在石漠化	无石漠化	无石漠化		
		轻度石漠化	潜在石漠化	无石漠化	无石漠化		
		轻度石漠化	潜在石漠化	潜在石漠化	无石漠化		
		中度石漠化	轻度石漠化	轻度石漠化	潜在石漠化		
		中度石漠化	中度石漠化	潜在石漠化	无石漠化		
		强度石漠化	中度石漠化	轻度石漠化	无石漠化		
		强度石漠化	中度石漠化	轻度石漠化	轻度石漠化		
		极强度石漠化	极强度石漠化	中度石漠化	中度石漠化		
		⋮	⋮	⋮	⋯		
持续恶化型	16	无石漠化	潜在石漠化	潜在石漠化	潜在石漠化	1025.76	17.86
		无石漠化	轻度石漠化	轻度石漠化	轻度石漠化		
		潜在石漠化	中度石漠化	中度石漠化	中度石漠化		
		轻度石漠化	中度石漠化	中度石漠化	中度石漠化		
		中度石漠化	强度石漠化	强度石漠化	强度石漠化		
		⋮	⋮	⋮	⋮		

　　研究结果表明，清镇红枫湖示范区14年间石漠化类型演变过程空间分析中，共计有91种演变轨迹，包括不变型、持续好转型、反复变化性、持续恶化型4种主要的演变方式。

　　为了更好地分析不同类型石漠化的转移方式，以2000年为基准年，2013年为演变末期，利用ArcGIS数据库统计分析，得出不同类型石漠化的转移方式轨迹及面积（表4-5）。

表 4-5　花江示范区 2000~2013 年不同类型石漠化典型演变方式

石漠化类型	演变方式	演变轨迹/种	演变面积/hm²	占 2000 年石漠化面积比例/%
无石漠化	不变型	1	165.14	29.58
	反复变化型	28	129.56	23.20
	持续恶化型	6	263.63	47.22
潜在石漠化	不变型	1	162.44	23.11
	反复变化型	27	140.27	19.95
	持续好转型	4	176.07	25.05
	持续恶化型	4	224.18	31.89
轻度石漠化	不变型	1	287.22	23.62
	反复变化型	32	237.83	19.56
	持续好转型	7	446.28	36.70
	持续恶化型	3	244.8	20.13
中度石漠化	不变型	1	167.42	16.37
	反复变化型	14	16.49	1.61
	持续好转型	14	688.69	67.36
	持续恶化型	1	149.82	14.65
强度石漠化	不变型	1	120.95	14.88
	反复变化型	9	10.51	1.29
	持续好转型	16	681.19	83.82
极强度石漠化	反复变化型	2	2.39	1.06
	持续好转型	15	223.52	98.94

　　分析可知，无石漠化和潜在石漠化均以恶化型为主，其次为好转型，恶化的面积大于好转的面积，说明无石漠化和潜在石漠化是人类活动频繁区域，很容易受到人类的干扰而向恶性化发展，因此应加强保护，在石漠化治理中以合理科学地指导人类活动为主。在轻度石漠化区域 4 种演变方式均有，而且所占比例相当，说明在治理过程中，轻度石漠化最容易反复，在治理的同时，更要注重防护，防治结合才是治理石漠化的关键。中度石漠化以好转型为主，反复型较少，说明在治理过程中，中度石漠化容易恢复且较为稳定，应作为石漠化治理的核心，这与白晓永等(2009)轻度、中度石漠化在石漠化治理中应当作为"核心"和"龙头"的研究结论一致。

　　由于石漠化的转移是一种状态过程，为了研究时段内的石漠化类型结构及其转移变化情况，需要构建状态转移矩阵模型，清晰地了解石漠化是处于发展过程还是逆转过程，分析监测初期各类型石漠化的转移去向以及监测末期各石漠化类型的来源与构成。在 ArcGIS 平台，对 4 个时期石漠化数据进行空间分析和代数运算，并用 Excel 数据透视表处理，得到研究区 2000~2013 年石漠化的转移矩阵。

　　从 2000~2013 年，花江示范区整体上由无石漠化转化为石漠化(即正向演变)的面积为 358.3 hm²；石漠化转化为无石漠化（即逆向演变）的面积为 630.34 hm²，说明石漠化的综合治理取得较明显效果，生态环境有所改善。其中，无石漠化主要向轻度石漠化和潜在石漠化演变，分别为 168.23 hm² 和 117.66 hm²，占演化比例的 46.95% 和 32.84%；潜在石漠化主要向轻度石漠化和无石漠化演变，分别为 205.89 hm² 和 176.05 hm²，占演化比例的 40.84% 和 34.92%；轻度石漠化主要向潜在石漠化演变，分别为 270.94 hm²，占演化比例的 33.59%；中度石漠化主要向轻度石漠化演变，演变面积为 365.23 hm²，占演化比例的 42.94%；强度石漠化主要向轻度石漠化演变，演变面积为 313.79 hm²，占演化比例的 46.50%；极强度石漠化主要向轻度石漠化、中度石漠化和强度石漠化演变（表 4-6）。

表 4-6　花江示范区 2000～2013 年石漠化类型演变的转移矩阵　　　　（单位：hm²）

2000 年 ＼ 2013 年	类型	无石漠化	潜在石漠化	轻度石漠化	中度石漠化	强度石漠化	极强度石漠化
花江示范区	无石漠化		117.66	168.23	42.72	29.69	
	潜在石漠化	176.05		205.89	63.23	58.96	
	轻度石漠化	196.80	270.94		179.86	158.96	
	中度石漠化	151.90	183.09	365.23		150.27	
	强度石漠化	90.72	130.31	313.79	139.94		
	极强度石漠化	14.87	31.52	85.45	44.96	49.10	

从 2000～2013 年，清镇红枫湖示范区整体上由无石漠化转化为石漠化的面积为 728.75 hm²，石漠化转化为无石漠化的面积为 950.4 hm²，说明石漠化的综合治理取得较明显效果，生态环境有所改善。其中无石漠化大部分向潜在石漠化转移，面积 411.53 hm²，占演化比例的 56.47%，说明无石漠化较为危险，极易恶化，其余向轻度石漠化、中度石漠化转移，分别为 234.85 hm² 和 82.28 hm²，占演化比例的 32.23% 和 11.29%，仅有 0.09 hm² 转移为强度石漠化；潜在石漠化主要向无石漠化转移，转移面积为 467.02 hm²，占演化比例的 65.78%，其次向轻度石漠化转移 157.07 hm²，占演化比例的 22.12%；轻度石漠化主要向无石漠化和潜在石漠化转移，分别为 292.24 hm² 和 221.79 hm²，占演化比例的 47.74% 和 36.23%；中度石漠化主要向轻度石漠化和无石漠化转移，分别为 197.07 hm² 和 184.97 hm²，占演化比例的 37.76% 和 35.45%，其次向潜在石漠化转移，面积为 136.94 hm²，占演化比例的 26.24%；强度石漠化分别向潜在石漠化、轻度石漠化和无石漠化转移，转移面积与比例变化不大（表 4-7）。

表 4-7　清镇红枫湖示范区 2000～2013 年石漠化类型演变的转移矩阵　　（单位：hm²）

2000 年 ＼ 2013 年	类型	无石漠化	潜在石漠化	轻度石漠化	中度石漠化	强度石漠化
清镇红枫湖示范区	无石漠化		411.53	234.85	82.28	0.09
	潜在石漠化	467.02		157.07	85.75	0.09
	轻度石漠化	292.24	221.79		96.17	1.90

2000年 \ 2013年	类型	无石漠化	潜在石漠化	轻度石漠化	中度石漠化	强度石漠化
清镇红枫湖示范区	中度石漠化	184.97	136.94	197.07		2.87
	强度石漠化	6.17	8.08	7.74	3.45	

4.2.2　石漠化演变速度

石漠化的演变是一个动态而复杂多变的过程，它是一个缓慢变化或突变的过程，因此选择科学的时间尺度是测算石漠化演变速度的一个重要问题。研究区为石漠化治理重点示范区，分别在"九五""十五""十一五"以五年为一时间段进行了石漠化综合治理工程。

石漠化发展/逆转的变化面积为监测期末的石漠化面积与监测初期的石漠化面积差值，当其值大于0时，石漠化为正向演变；当其值小于0时，石漠化为逆向演变（张素红，2007）。石漠化年均增减量，即石漠化的年演变速度为石漠化面积差值与监测时间的比值，比值的绝对值越高，说明石漠化的发展或逆转的速度越快，用公式表示为

$$V = \Delta S/T \tag{4-1}$$

式中，V 为监测期内石漠化的年变化速率（hm²/a）；T 为监测时间段（a）；ΔS 可用式（4-2）表示，即

$$\Delta S = S_j - S_i \tag{4-2}$$

式中，ΔS 为石漠化发展或逆转的变化面积（hm²）；S_j 为监测期末石漠化的面积（hm²）；S_i 为监测初期石漠化的面积（hm²）。

根据式（4-1）和（4-2），分别计算 2000~2005 年、2005~2010 年、2010~2013 年三个监测时段石漠化演变的年均速度，采用长期与短期两种时间尺度分别进行分析，以寻找石漠化长期与短期演变规律（表4-8和图4-11及表4-9和图4-12）。

表4-8　花江示范区石漠化发展/逆转的面积与演变速度

石漠化类型	2000~2005年 发展/逆转面积/hm²	年均增减速度/(hm²/a)	2005~2010年 发展/逆转面积/hm²	年均增减速度/(hm²/a)	2010~2013年 发展/逆转面积/hm²	年均增减速度/(hm²/a)	2000~2013年 发展/逆转面积/hm²	年均增减速度/(hm²/a)
无石漠化	24.88	4.98	234.95	46.99	12.67	2.53	272.50	20.96
潜在石漠化	359.06	71.81	−131.58	−26.32	−9.79	−1.96	217.69	16.75
轻度石漠化	−86.43	−17.29	375.92	75.18	40.66	8.13	330.15	25.40
中度石漠化	−111.75	−22.35	−252.80	−50.56	−2.48	−0.50	−367.03	−28.23
强度石漠化	−46.34	−9.27	−140.00	−28.00	−41.06	−8.21	−227.40	−17.49
极强度石漠化	−139.42	−27.88	−86.49	−17.30	0.00	0.00	−225.91	−17.38
已石漠化	−383.94	−76.79	−103.37	−20.67	−2.88	−0.58	−490.19	−37.71

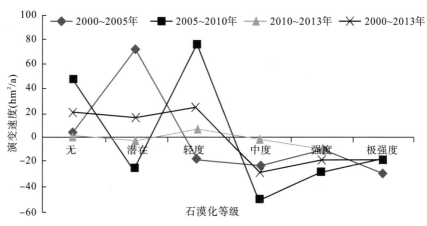

图 4-11 花江示范区石漠化类型演变速度变化曲线

表 4-9 清镇红枫湖示范区石漠化类型不同时间发展/逆转的面积与演变速度

石漠化类型	2000～2005 年		2005～2010 年		2010～2013 年		2000～2013 年	
	发展/逆转面积/hm²	年均增减速度/(hm²/a)	发展/逆转面积/hm²	年均增减速度/(hm²/a)	发展/逆转面积/hm²	年均增减速度/(hm²/a)	发展/逆转面积/hm²	年均增减速度/(hm²/a)
无石漠化	1.82	0.36	221.76	44.35	−18.37	−3.67	205.21	15.79
潜在石漠化	3.60	0.72	41.27	8.25	23.36	4.67	68.23	5.25
轻度石漠化	18.73	3.75	−98.79	−19.76	64.64	12.93	−15.42	−1.19
中度石漠化	−17.87	−3.57	−169.86	−33.97	−66.58	−13.32	−254.31	−19.56
强度石漠化	−6.28	−1.26	5.62	1.12	−3.05	−0.61	−3.71	−0.29
已石漠化	−5.42	−1.08	−263.03	−52.61	−4.99	−1.00	−273.44	−21.03

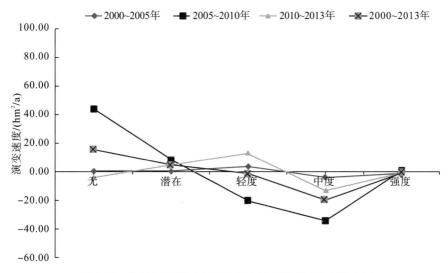

图 4-12 清镇红枫湖示范区石漠化类型演变速度变化曲线

从长期来看,石漠化的演变速度较为平缓,但实际上在不同的时间段内石漠化演变速度具有多变、时快时缓的特点,而且不同等级类型的石漠化在不同的时间段也有不同的演变速度，依次为：中度石漠化>轻度石漠化>无石漠化>强度石漠化>极强度石漠化>潜在石漠化。在这 14 年间，2005~2010 年石漠化的演变速度最快，其次为 2000~2005 年，而 2010~2013 年间演变速度较为缓慢，这与人为干预石漠化治理的时间点吻合。2000~2005 年（"十五"计划）为石漠化治理的第二个五年计划，但实际上是真正开始石漠化治理的时期，受到人为的干预，石漠化演变速度变快；2005~2010 年（"十一五"计划），"十五"的治理效果在此期间表现出来，演变速度达到最快，轻度石漠化和中度石漠化得到有效治理，生态环境持续好转；2010~2015 年（"十二五"计划）石漠化的治理达到一个稳定期。说明石漠化的治理并不是立竿见影的，而是一个长期的恢复过程，是一项艰巨的任务（熊康宁等，2010）。

喀斯特高原盆地区石漠化的演变速度整体较为平缓，在 2005~2010 年间有较大的波动，无石漠化的增加速度达到最高，中度石漠化减少的速度也达到 14 年间最高值，其他年份演变速度保持较为平稳，且不同等级石漠化的演变速度差异不大，说明石漠化治理工程在 2005~2010 年人为干预阶段发挥出较为明显的成效。这 14 年间，强度石漠化的演变速度基本为 -1%~2%，变化很小。与花江示范区相同，轻度和中度石漠化为石漠化治理的龙头，也是人为干预最强的区域，应加强治理与保护。

为了能够更好地说明不同地貌背景下石漠化演变速度的不同特点，将两个示范区进行对比分析得出：在两种不同典型地貌背景下，峡谷区石漠化的演变速度大于盆地区的演变速度；在不同石漠化类型中，演变速度最快的均为中度石漠化类型。在峡谷区（花江示范区），石漠化的演变速度依次为中度>轻度>无>强度>极强度>潜在；在盆地区（清镇红枫湖示范区），石漠化的演变速度依次为中度>无>潜在>轻度>强度（图 4-13）。

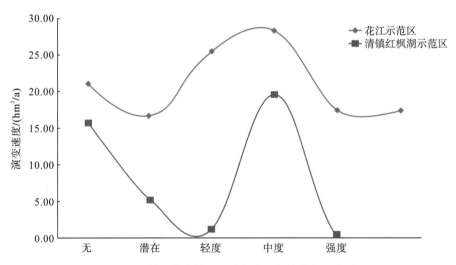

图 4-13　不同地貌背景下石漠化类型年均演变速度对比

研究结果表明：①喀斯特高原峡谷区石漠化综合指数要远高于盆地区，说明峡谷区的石漠化程度较盆地区高，除主要受到地形地貌因子影响外，人类活动与社会经济是重要的一方面。②峡谷区石漠化演变速度为 37.71 hm²/a，盆地区为 21.03 hm²/a，从两种典型地貌的对比分析中不难发现，盆地区石漠化演变速度不管是整体上还是不同类型之间的演变均没有峡谷区剧烈，但是石漠化逆向演替的速度均大于正向演替的速度，说明石漠化的治理使石漠化得到了有效的控制。③在不同等级类型石漠化中，中度石漠化的逆转量最大，轻度石漠化的发展增加量最大，两种类型的发展或逆转速度最快，说明轻度石漠化最容易发生恶化，中度石漠化最容易恢复，这也是人为干预最强的两种石漠化类型。④不同的地貌背景下，石漠化的演变特征各具特点与规律。石漠化的演变过程是复杂、多变的，正向演变与逆向演变共存，但是在科学合理的人为干预下，是可以防治与调控的。⑤从长期来看，石漠化的演变速度较为平缓，但实际上在不同的时间段内，石漠化演变速度具有多变、时快时缓的特点，说明石漠化的演变受到很多因素的影响。要想准确地判断石漠化演变的速度，需要深入研究人为干预下石漠化演变的机理。

4.3 喀斯特石漠化演变的驱动因素

在 ArcGIS 和 ENVI 平台交互操作获取 2000 年和 2013 年的石漠化空间分布特征，并进行空间叠加，得出研究区石漠化典型演变图和演变轨迹。综合分析石漠化演变与喀斯特地貌类型、地形坡度、土地利用类型、人口聚居密度、人为干预度、石漠化综合治理工程六种关键因子的关系，运用层次分析法确定因子权重，利用确定性系数 CF (certainty factor)定量评价石漠化演变过程中六种因子中二级因子的敏感性，对石漠化演变趋势进行预测(程洋等，2012)。

确定性系数(CF)是由 Shortlife 和 Buchanan 于 1975 年提出，由 Heckerman 于 1986 年改进的一个概率函数，用来分析影响某一事件发生的各因子的敏感性(程洋等，2012)。CF 函数具体表示为

$$CF = \begin{cases} \dfrac{Ppa - Pps}{Ppa(1 - Pps)}, & Ppa \geqslant Pps \\[3mm] \dfrac{Ppa - Pps}{Pps(1 - Ppa)}, & Ppa < Pps \end{cases} \tag{4-3}$$

式中，Ppa 为事件在数据类 a 中发生的概率(即在不同类别因子单元中的石漠化恶化发生率)；Pps 为事件在整个研究区 A 中发生的先验概率(即研究区的石漠化恶化发生率)。

通过式(4-3)的函数变换可知 CF 的变化区间为[−1, 1]。正值代表事件发生确定性的增长(即石漠化演变易发)，负值代表事件发生确定性的降低(即石漠化演变不易发)，0 值代表事件发生的先验概率与条件概率十分接近(表示此单元不能判断事件发生的确定性)。

石漠化的演变受到自然因素和人为因素两方面的共同作用，选取喀斯特地貌类型、地形坡度、土地利用类型作为关键自然因素，选取人为干扰强度、人口聚居密度、石漠化综合治理工程作为关键人为因素，来定量评价与分析各类影响因素的石漠化演变发生率及确定性系数(表 4-10)。其中人为干扰度强度中，轻度干扰为人为干扰度指数 0.1∼0.59 的区域；中度干扰为人为干扰度指数 0.6∼0.79 的区域，强度干扰为人为干扰度指数 0.8∼1 的区域，人为干扰度指数的基数确定方法借鉴于景观格局的人为干扰度定量研究(魏小岛等，2012)。人口聚居密度是根据社会经济调查数据统计，以及研究区实际情况进行分级的。

表 4-10　石漠化演变关键影响因子发生率及其 CF 值

关键影响因子	二级因子	区域面积/hm²	石漠化演变面积/hm²			演变发生率(Ppa)		先验概率(Pps)		确定性系数(CF)	
			不变型	好转型	恶化型	好转型	恶化型	好转型	恶化型	好转型	恶化型
喀斯特地貌类型	峰丛洼地	1844.95	379.03	1014.48	451.44	0.549869	0.244690	0.472495	0.280453	0.266752	-0.168832
	丘峰台地	1876.37	449.24	914.04	513.09	0.487132	0.273448	0.472495	0.280453	0.056961	-0.034377
	侵蚀台地	44.23	11.42	15.13	17.68	0.342076	0.399729	0.472495	0.280453	-0.419536	0.414694
	溶蚀和侵蚀陡坡	447.05	129.42	157.66	159.97	0.352667	0.357835	0.472495	0.280453	-0.391771	0.300536
	V型峡谷	493.47	204.53	123.84	165.1	0.250958	0.334569	0.472495	0.280453	-0.625956	0.224794
地形坡度/(°)	0~5	719.28	233.09	123.50	362.69	0.171699	0.504240	0.472495	0.280453	-0.768575	0.616792
	5~15	492.63	136.27	221.28	135.08	0.449181	0.274202	0.472495	0.280453	-0.089580	-0.030711
	15~25	1072.77	199.26	669.8	203.71	0.624365	0.189892	0.472495	0.280453	0.461112	-0.399602
	25~35	1012.74	199.34	603.25	210.15	0.595661	0.207506	0.472495	0.280453	0.391982	-0.328208
	>35	1206.79	353.29	526.56	326.94	0.436331	0.270917	0.472495	0.280453	-0.135786	-0.046637
土地利用类型	水田	1.30	1.30	0.00	0.00	0.000000	0.000000	0.472495	0.280453	-1.000000	-1.000000
	旱地	670.39	167.61	294.10	208.68	0.438700	0.311281	0.472495	0.280453	-0.127427	0.137638
	园地	838.29	191.39	436.55	210.35	0.520763	0.250927	0.472495	0.280453	0.175707	-0.140544
	有林地	477.10	73.6	399.74	3.76	0.837854	0.007881	0.472495	0.280453	0.826656	-0.979620
	灌木林地	499.17	149.27	247.19	102.71	0.495202	0.205762	0.472495	0.280453	0.086926	-0.335320
	疏林地	734.90	194.27	301.09	239.54	0.409702	0.325949	0.472495	0.280453	-0.225135	0.193984
	草地	300.04	50.09	197.52	52.43	0.658312	0.174743	0.472495	0.280453	0.535091	-0.456736
	建设用地	90.81	26.77	54.41	9.63	0.599163	0.106046	0.472495	0.280453	0.400770	-0.695648
	荒草地	364.38	90.15	75.14	199.09	0.206213	0.546380	0.472495	0.280453	-0.709970	0.676408
	裸岩石砾地	410.60	109.39	117.26	183.95	0.285582	0.448003	0.472495	0.280453	-0.553719	0.519762

续表

关键影响因子	二级因子	区域面积/hm²	石漠化演变面积/hm²			演变发生率(Ppa)		先验概率(Pps)		确定性系数(CF)	
			不变型	好转型	恶化型	好转型	恶化型	好转型	恶化型	好转型	恶化型
人口聚居度/(户/km²)	(0, 30]	826.94	204.45	380.18	242.31	0.459743	0.293020	0.472495	0.280453	-0.049955	0.059604
	(30, 40]	656.61	154.69	332.56	169.36	0.506480	0.257931	0.472495	0.280453	0.127204	-0.108219
	(40, 50]	630.82	195.82	272.81	162.19	0.432469	0.257110	0.472495	0.280453	-0.149265	-0.112041
	(50, 60]	288.12	70.99	144.04	73.09	0.499931	0.253679	0.472495	0.280453	0.104035	-0.127917
	(60, 70]	1555.89	354.89	809.85	391.15	0.520506	0.251400	0.472495	0.280453	0.174859	-0.138385
	>70	545.84	140.41	204.98	200.45	0.375531	0.367232	0.472495	0.280453	-0.328626	0.328409
人为干扰强度	轻度干扰	1495.63	374.7	772.64	348.29	0.516598	0.232872	0.472495	0.280453	0.161842	-0.221161
	中度干扰	2499.17	600.67	1204.71	693.79	0.482044	0.277608	0.472495	0.280453	0.037553	-0.014042
	强度干扰	509.28	145.83	166.99	196.46	0.327894	0.385760	0.472495	0.280453	-0.455340	0.379386
石漠化综合治理工程	封山育林	310.06	16.79	187.76	105.51	0.605560	0.340289	0.472495	0.280453	0.416563	0.244374
	特色经果林	485.97	22.31	298.9	164.76	0.615059	0.339033	0.472495	0.280453	0.439405	0.240132
	坡改梯与小型水利水保	27.67	8.24	10.74	8.69	0.388146	0.314059	0.472495	0.280453	-0.291766	0.148710
	草地建设	113.83	24.28	72.82	16.73	0.639726	0.146974	0.472495	0.280453	0.495560	-0.557946
	水土保持林建设	365.87	82.84	179.43	103.6	0.490420	0.283161	0.472495	0.280453	0.069289	0.013289

由表 4-10 可得以下几点。

(1)在喀斯特地貌因子中，未来侵蚀台地和溶蚀和侵蚀陡坡以及 V 型峡谷区域易发生石漠化现象；在地形坡度因子中，0~5°区域为石漠化恶化区，>35°的陡坡既不易恶化也不易好转，与实际情况相符，说明>35°的石漠化区域生态环境脆弱，应以保护为主。

(2)在土地利用类型因子中，旱地、疏林地和荒草地的 CF 值为正，为易发生石漠化区域。

(3)人口聚居密度因子中，0~30 户/km² 二级因子的 CF 值和大于 70 户的 CF 值为正值，易发生石漠化，与实际调查情况相符，小规模的居民点都分布在土地资源条件较差的区域，普遍存在着陡坡开垦等传统种植方式，易引发和加剧石漠化。大于 70 户/km² 的聚居地，人口密度超载，人地矛盾剧烈，也是易引发和加剧石漠化的主要区域。

(3)人为干扰强度中强度干扰区域为石漠化易发生区域，也说明石漠化的演变与人为干扰强度成正相关关系。

(4)在石漠化综合治理工程因子中，除了坡改梯与小型水利水保工程以外，其他的工程类型区石漠化好转的发生概率均大于先验概率，说明工程的实施已经对石漠化治理产生效果，但仅有草地建设区域 CF 值为负值，不易恶化，其他区域均为易恶化区域，因此应加强石漠化治理工程管护，预防石漠化反弹。坡改梯与小型水利水保工程区域未来石漠化情况依然是继续好转。

研究区石漠化演变过程中，在侵蚀台地地貌类型、溶蚀和侵蚀陡坡、荒草地、>70 户/km² 人口聚居密度以及强度干扰因子的控制下，石漠化情况发生恶化，且恶化的发生率均已超出先验概率，其他区域均发生好转，且好转的演变发生率小于先验概率，说明研究区的石漠化依然处于发展中，且发展趋势不容忽视。

第5章 喀斯特石漠化演替的人为干预响应

5.1 典型喀斯特区人为干预强度评价

人类活动对地球的影响范围和强度不断增长，人类已经成为地球生态系统的主宰者(Vitousek，1997)。诺贝尔奖获得者 Crutzen 等(Crutzen，2002)提出"人类世"的概念，将自 1786 年瓦特发明蒸汽机以来的时期作为一个新的地质时代。他把当今地质时代叫作"人类世"，以强调人类在地质和生态中的核心作用。人类世的提出，是鉴于当前环境的恶化，承认人类活动的重要性，并由此引申出的一个新学科，即"可持续发展科学"(刘东升，2003)。"人地关系地域系统"是地理学研究的核心(吴传均，1991)，"地理学的研究重点应放在各圈层的相互作用及其与人类活动主导的智慧圈的耦合和联动上"(Lubchenco，1998)。

干扰对自然界的影响是普遍存在的，生态系统的重要组成部分——植物群落首先受到干扰影响。干扰通过改变植物群落内的环境条件、物种组成和多样性，改变植物群落的结构和功能，进而影响其演替进程甚至演替方向(朱教君等，2004)。

为了确切了解人类活动对生态环境的影响强度与方向，需要对人类活动强度进行定性与定量相结合的研究，一是对环境现状的有关指标进行量化，二是确定相关指标的阈值。量化人类活动强度，确定人类活动对环境影响的临界阈值，调控人类活动类型、方式和强度，把人类活动对环境演化的影响导向正向良性循环，是研究人类对生态环境影响的最终目的(魏建兵等，2006)。陈国奇等认为人类活动是导致生物均质化的主要因素(陈国奇等，2011)。张翠云等通过对黑河流域上、中、下游人类活动强度的定量评价，分析了人类活动对水循环的影响，探讨了流域生态环境退化的原因(张翠云等，2004)。梁发超等通过对福建省闽清县人类干扰强度的定量分析与生态功能区优化研究，指出人类干扰强度最大的区域也是生态系统最脆弱和生态保护的重点地区(梁发超等，2011)。孙永光等通过研究大洋河口湿地人为干扰度时空动态及景观响应发现，人为干扰度的空间分布与景观复杂性和异质性有较好的相关性(孙永光等，2012)。因此，定量监测人类活动强度的时空分异规律对研究生态系统演化过程具有重要意义。

人类活动对生态环境的影响有正、负两方面，目前的研究中通常将它作为一种干扰因子。依据人类活动对喀斯特生态环境正、负两方面的影响，可将其分为人为干扰和人为干预。过度或不合理的人类活动，如放火烧山、毁林开荒、乱砍滥伐、陡坡开垦、过度放牧等干扰，可能导致喀斯特生态系统正向演替减缓，甚至其演替方向转为逆向演替，称之为"人为干扰"。合理、科学的人为干预(如生态恢复和生态建设)会使生态系统向着与人协调发展的方向演化，这是人类活动改善生态环境的能动作用的体现，称之为"人为干预"。

5.1.1　喀斯特区人为干预强度评价指标体系

喀斯特区是生态环境脆弱的区域之一，由于其特殊的地质背景和水文条件，这一区域内生态环境具有比较脆弱、变化敏感、空间异质性强的特点。但由于喀斯特区不断增加的人口压力和开发强度，这一区域受到强烈的人为干扰，影响景观结构上的差异，因此只有深入分析人类活动，考虑到人类活动的各个方面，才有可能构建出较为全面反映喀斯特地区人为干预的评价体系。

1. 喀斯特区人为干预强度评价指标体系建立的原则

(1)科学性和综合性原则。结合喀斯特区城市边缘地带的特殊情况，在评价方法的选择、模型的建立、指标的选取、权重的确定等方面具备相应的科学依据，指标体系的建立要在一定的科学基础之上，所建立的评价指标体系应尽可能地全面反映和测度所评价地区受干扰的特征和状况，综合考虑各种指标因子。每一个指标都要客观反映喀斯特区城市边缘地带景观格局的现状和变化趋势。

(2)可操作性和易获性原则。每一项指标的选取，要具有可测性、易测性和可比性。在调查中容易获取，或可从有关部门获取，充分考虑指标获取及量化的难易程度。可操作性有利于人为干预指数的计算和人为干预强度分区的广泛应用。

(3)可表征性和可度量性原则。不同的生态环境在研究区内表现出结构和功能上的差异，这种差异主要通过要素之间的关系来反映，即在这些差异中提取有效的信息和统一的度量基础，来反映区域的本质，并体现生态系统的可测行、可比性和定量化标准。

2. 喀斯特区人为干预强度理论框架构建

构建完善的指标体系必须建立在客观、准确评价的基础上，评价指标的选择遵循科学性、可操作性、代表性的原则，充分考虑系统的动态变化。选取指标体系是对喀斯特地区人为干预进行准确评价和定量考核的依据。借鉴国内外的经验，结合喀斯特地区的实际，因地制宜地确定指标体系。

1)层次结构体系的构建

在阅读大量国内外相关研究的基础上，结合前人的研究成果，建立典型喀斯特区城市边缘地带人为干预的评价指标体系。首先要遵循喀斯特城市边缘地带生态系统的一般规律；其次还必须考虑研究区内的实际情况，结合区域特点，尽可能选择反映喀斯特生态环境主要特征的指标，选择的指标应具有目的性、理论性、科学性、系统性等特点，并且具有层次性和内在联系；最后，考虑评价的科学性和数据的可获取性。在选取指标时既要保证指标体系的完整性，又要把复杂指标简化处理，能够更好地反映指标的综合特征。

基于典型喀斯特区城市边缘地带人为干预强度综合评价概念模型，运用层次分析法和主成分分析法，将清镇红枫湖示范区的人为干预评价体系划分为多层次模型结构构成的评价目标级，初步构造喀斯特地区人为干预评价指标层次结构体系。

2)准则层分析

(1)喀斯特区自然环境。

喀斯特自然环境主要从地质、地貌、土壤、气候四大方面来反映。地质、地貌是喀斯特地区特有的环境特征,以碳酸盐岩为主,生态环境脆弱。喀斯特地区降水丰富,土层薄,容易造成水土流失和石漠化,其本底环境比较脆弱,遭到破坏后难以恢复。

(2)喀斯特区人文社会压力。

喀斯特区人类活动对生态系统的干扰是喀斯特人文社会压力的主要因素,社会经济的发展离不开人类活动的参与,而清镇红枫湖示范区是典型的喀斯特高原盆地,地势相对平坦,又位于城市边缘地带,社会经济发展快,受到人类活动的影响更加明显。人类活动很可能会导致生态环境的破坏和生态系统的紊乱,人文社会压力是喀斯特生态系统产生变化的直接原因。

(3)喀斯特区生态环境状态。

喀斯特生态环境状态是指能够观察到的喀斯特生态环境系统质量或功能的变化(魏小岛等,2012)。例如,洼地内涝和干旱灾害带来的价值损失,水土流失带来的土壤质量下降,污染造成的农业减产损失,喀斯特生态环境恶化造成的石漠化等。

(4)喀斯特地区特有的人为干预。

石漠化综合治理工程是喀斯特地区特有的人为干预。人类活动加剧了石漠化的程度,这就需要人为干预的介入——石漠化工程,通过工程逐步改善这一区域内的生态环境。

3. 喀斯特区人为干预强度指标体系

喀斯特区人为干预强度评价指标体系的研究仍处于探索阶段,是研究中的难点,也是喀斯特地区人为干预评价的关键。只有对影响喀斯特地区人为干预形成的要素、因子及其体系结构有深入了解和客观分析,才能有效地选择与建立指标体系。因此,在构建喀斯特地区人为干预评价指标体系时,必须考虑以上有关的各种影响因素。不仅要体现喀斯特生态表征,还要考虑对喀斯特地区人为干预有重要影响的自然、社会、经济各方面的因素。遵守科学性、可操作性、整体性等原则,结合清镇红枫湖示范区的地理环境特点、石漠化形成机制,以及数据的可获取性,选取岩性、地貌类型、海拔高程、坡度、土壤类型、年均降水量、年均温度、人口密度、人均 GDP、交通线缓冲区、居民地缓冲区、土地利用类型、植被覆盖度、石漠化等级、水土流失强度、石漠化治理工程及其他工程等 17 项评价指标构建喀斯特区人为干预评价指标体系。

根据评价指标各组成部分之间的相互关系和清镇红枫湖示范区的实地情况,构建多层次评价指标体系,将喀斯特区人为干预评价指标体系归纳为 4 个层次 17 个指标因子的结构体系(表 5-1)。

表 5-1　喀斯特区人为干预强度指标体系及数据来源

目标层	准则层	要素层	指标层	数据来源
喀斯特地区人为干预综合指数	喀斯特自然环境	地质	岩性	地质图
		地貌	地貌类型	DEM 数据
			海拔高程	DEM 数据
			坡度	DEM 数据
		土壤	土壤类型	土壤类型分布图
	喀斯特人文社会压力	气候	年均降水量	监测数据
			年均温度	监测数据
		人口	人口密度	走访调查数据
		经济	人均 GDP	走访调查数据
		人为干扰	交通线缓冲区	走访调查数据
			居民地缓冲区	走访调查数据
	喀斯特生态环境状况	土地利用	土地利用类型	RS+GIS+基础地理数据
			植被覆盖度	RS+GIS+监测数据
		表层带变化	石漠化等级	RS+GIS+监测数据
			水土流失强度	RS+GIS+监测数据
	喀斯特地区特有的人为干预方式	石漠化综合治理	石漠化治理工程	调查数据
		其他工程	其他工程	调查数据

5.1.2　喀斯特区人为干预强度评价模型构建

1. 喀斯特区人为干预强度的评价方法

人为干预的研究起步比较晚，从以前的定性研究向定量研究发展，取得了一些成果，但在喀斯特地区的研究比较少。人类不合理的活动给喀斯特区的生态环境带来了一定的影响，影响的程度和广度等一系列问题，都需要研究。阐明人为干预的程度、水平和状态，可为区域的可持续发展提供科学的依据和指导。

目前人为干预强度的研究由最初的定性研究发展为现今的定量研究，方法也日益成熟并多样化，目前使用最多的两类方法是景观格局分析方法、空间分析方法等。

从总体上来看，有关人为干预强度的评价方法很少有人研究，但喀斯特地区综合评价模型还没有人研究，因此选取综合指数法来进行研究，可以将分散的信息通过模型集成，形成关于研究对象的综合信息特征，从总体上认知、分析、深入研究。但是在应用中，一定要解决评价标准、量化、权重等问题，该研究方法能够很好地体现人为干预的综合性、层次性和整体性，将问题简单化。从选择的模型来说，并不是越多越好，而是能够较好地反映喀斯特区人为干预强度才是关键。采用层次分析法和主成分分析法来确定人为干预强度各指标权重，通过综合指数法，构建喀斯特地区人为干预强度评价模型。

2. 喀斯特区人为干预强度指标权重确定

1)喀斯特区指标类型的划分

生态环境具有稳定性和变化性,稳定性指其对外来干扰的抵抗能力,变化性则随着干扰的介入及其本身的发育,在时空尺度上发生有规律的变化或者突变(胡宝清等,2004)。喀斯特地区的人为干预是多方面的,主要涉及自然、社会和经济三方面的多个指标。由于指标数量众多,结合专家建议,对各因子进行分级量化,并赋予一定等级指数,并使整个指标体系的量化值无量纲化,将量化的指标通过某一数学方法转换到与上述指标分级对应数域内,即 $1 \leqslant X \leqslant 10$(表 5-2)。

表 5-2　喀斯特区人为干预强度综合评价指标赋值表

喀斯特地区人为干预强度综合指标	微度干预	轻度干预	中度干预	强度干预	极强度干预
分级赋值	1	3	5	7	9
岩性	非喀斯特	混合岩	碳酸盐岩		
地貌类型	峰林溶原	峰林洼地	峰林谷地	峰丛谷地、侵蚀性岗丘宽谷	侵蚀性中山沟谷、岩溶化岗丘谷地
海拔高程	<1265 m	1265~1315 m	1315~1365 m	1365~1415 m	>1415 m
坡度	<8°	8°~15°	15°~25°	25°~35°	>35°
土壤类型	黄泥田、鸭屎泥田	大泥土	黄泥土、青黄泥田、黄泥田、大眼泥田	黏土质黄壤、钙铝质黄壤、铁铝质黄壤	黑岩土、大土泥田
年均降水量	>1300 mm	1200~1300 mm	1100~1200 mm	1000~1100 mm	<1000 mm
年均温度	>20℃	19~20℃	18~19℃	17~18℃	<17℃
人口密度	<200 人/km²	200~250 人/km²	205~300 人/km²	300~350 人/km²	>350 人/km²
人均 GDP	<5000 元	5000~6000 元	6000~7000 元	7000~8000 元	>8000 元
交通线缓冲区	>400m	300~400m	200~300m	100~200m	<100m
居民地缓冲区	>1100 m	800~1100 m	500~800 m	200~500 m	<200 m
土地利用类型	有林地、水域	灌木林地、水田	旱地、天然草地、园地	裸岩石砾地、人工草地、荒草地	采矿用地、农村居民点、交通用地
植被覆盖度	>75°	60°~75°	45°~60°	30°~45°	<30°
石漠化程度	非喀斯特、无石漠化	潜在石漠化	轻度石漠化	中度石漠化	强度石漠化
水土流失强度	微度侵蚀	轻度侵蚀	中度侵蚀	强烈侵蚀	极强烈侵蚀
石漠化治理工程及其他工程	无工程区	其他工程区	经果林、人工种草	坡改梯	封山育林、防护林

2)喀斯特区人为干预强度指标权重的计算

人为干扰的评价方法很多,评价区域涉及河口湿地、森林、岷江上游等地区,但是对于人为干预强度的评价很少,目前尚未形成一致认可的评价方法,尤其是在评价指标权重方面,主要通过研究人员的实践经验和主观判断来确定权重,若用数学方法——主成分分析方法来确定权重，可以在一定程度上避免信息的重叠。

空间主成分分析方法，主要以地理信息系统(GIS)为技术手段。通过主成分分析方法确定因子的权重，消除数据之间的重叠现象，具有一定的科学性；借助 GIS 技术实现空间数据的逻辑分析与计算，大大降低了计算的难度，同时也提高了准确性。

计算方法和步骤：

(1)运用 ArcGIS 中的 Identity 命令，将各个指标的栅格数据进行图层叠加，这样研究区内的任意一点都被赋予了各个要素的属性，减少评价指标之间的相关性，避免指标重复而影响评价的精确性。在研究区内随意抽取 500 个均匀分布的样点，这些样点能够代表研究区属性。

(2)将样点的属性数据导入 SPSS 软件中进行主成分分析。

按照以下公式将样点数据进行标准化处理(徐建华，2006)。

极差的标准化

$$X_{ij} = \frac{X_{ij} - \min x_{ij}}{\max x_{ij} - \min x_{ij}} \tag{5-1}$$

标准差标准化

$$x'_{ij} = \frac{x_{ij} - \overline{x_j}}{s_j} \tag{5-2}$$

式中

$$\overline{x_j} = \frac{1}{m}\sum_{i=1}^{m} x_{ij}, \quad s_j = \sqrt{\frac{1}{m}\sum_{i=1}^{m}(x_{ij}-\overline{x_j})^2} \tag{5-3}$$

总和标准化

$$x'_{ij} = \frac{x_{ij}}{\sum_{i=1}^{m} x_{ij}} \tag{5-4}$$

计算相关系数矩阵

$$\boldsymbol{R} = \begin{vmatrix} r_{i1} & r_{i2} & \cdots & r_{ip} \\ r_{21} & r_{22} & \cdots & r_{2p} \\ \vdots & \vdots & & \vdots \\ r_{p1} & r_{p2} & \cdots & r_{pp} \end{vmatrix} \tag{5-5}$$

(3)求取 $\boldsymbol{R}$ 的特征向量、特征值及主成分贡献率、累计贡献率。

第 i 个主成分的贡献率

$$b_i = \frac{l_i}{\sum_{k=1}^{p} l_k} \tag{5-6}$$

累计贡献率

$$B = \frac{\sum_{k=1}^{i} l_k}{\sum_{k=1}^{p} l_k} \tag{5-7}$$

主成分函数

$$y_i = a_{i1}x_1 + a_{i2}x_2 + \cdots + a_{ip}x_p \quad (i = 1, 2, \cdots, p) \tag{5-8}$$

将样点的属性数据导入 SPSS 统计软件中，该软件会自动给出主成分的特征值、特征向量、贡献率、累计贡献率。

权重是各个参评因子对人为干预大小的反映，能够客观地反映各因子之间的主次关系，经计算得出各因子权重结果(表 5-3)。影响因子的权重计算公式为

$$W_i = \sum_{i=1}^{n} C_i P_i \tag{5-9}$$

式中，W_i 为权重；C_i 为 i 因子的标准化值；P_i 为 i 因子的贡献率。

表 5-3　喀斯特区的人为干预强度指标权重

目标层 A	准则层 B	要素层	指标层 C	权重
喀斯特地区人为干预综合指数 A	喀斯特自然环境 B$_1$	地质	岩性	0.085
			地貌类型	0.005
		地貌	海拔高程	0.030
			坡度	0.056
		土壤	土壤类型	0.047
		气候	年均降水量	0.078
			年均温度	0.031
	喀斯特人文社会压力 B$_2$	人口	人口密度	0.068
		经济	人均 GDP	0.044
		人为干扰	交通线缓冲区	0.102
			居民地缓冲区	0.107
	喀斯特生态环境状况 B$_3$	土地利用	土地利用类型	0.081
			植被覆盖度	0.006
		表层带变化	石漠化程度	0.060
			水土流失强度	0.055
	喀斯特地区特有的人为干预 B$_4$	人为干预工程	石漠化治理工程及其他工程	0.095

5.1.3　喀斯特区的人为干预强度评价模型

喀斯特区的人为干预强度评价模型，运用层次分析方法和主成分分析方法来确定评价指标的权重。结合已有的生态干扰度研究，建立喀斯特地区的人为干预强度评价模型，首先要确定各个子系统因子的权重，子系统的评价分值等于各因子指标分值加权之和。子系统的评价公式如下

$$B_i = \sum_{j}^{n} D_{ij} W_j \tag{5-10}$$

式中，B_i 为子系统的评价分值；D_{ij} 为子系统中因子的标准化值；W_j 为 j 因子的权重值。

整个喀斯特地区人为干预强度综合指数(KHI)评价模型采用生态干扰度来衡量，采用多级加权求和的方法来计算，其公式如下

$$KHI = \sum_{i=1}^{n} U_i B_i \qquad (5\text{-}11)$$

式中，U_i 为各指标的标准化值；B_i 为子系统指标权重值；n 为指标总个数。

喀斯特人为干预指数是判断喀斯特地区人为干预的重要指标。从自然、经济、社会等各个方面，参考喀斯特地区生态环境质量和生态安全指标分级，以及有关研究资料和专家意见，通过实地勘验和专家咨询，将人为干预综合指数与其相对应的实地人类活动的干预程度相结合，最终制定出清镇红枫湖示范区喀斯特人为干预指数判别标准，共分五个等级，指标为0~10(表5-4)。

表5-4　喀斯特区人为干预强度等级划分

等级	人为干预强度	人为干预指数	人为干预特征
I	微度干预	≤3.5	以非喀斯特区和无石漠化区为主，同时有微度水土流失，生态系统服务功能完整，生态系统受到微度干扰。人地关系和谐，生态环境未受干扰破坏，系统结构完整，恢复能力强
II	轻度干预	3.5~5.0	以潜在石漠化区为主，有轻度水土流失，一般干扰下可恢复，人地关系基本和谐。生态环境较少受到破坏，结构尚完整
III	中度干预	5.0~7.0	以轻度石漠化为主，有中度水土流失，受干扰后生态环境易恶化，部分生态系统服务功能退化，生态环境系统结构破坏较大，功能退化
IV	强度干预	7.0~8.5	以中度石漠化为主，有强度水土流失，受到人为干扰后生态恢复困难，生态系统结构残缺不全
V	极强度干预	≥8.5	以强度石漠化为主，有极强度水土流失，受到人为破坏以后，生态恢复较为困难，生态过程难逆转

5.1.4　典型喀斯特区人为干预强度评价

1. 基于格网GIS的人为干预强度评价

在人为干预强度评价研究中，采用分辨率为 10 m×10 m 的格网作为基本评价分析单元。利用 ArcGIS 的空间分析模块(spatial analyst)，配合 Identity、Clip、Intersection、Update 等模块(汤国安等，2012)，实现对清镇红枫湖示范区喀斯特人为干预强度评价。在单因子赋值的基础上，进行空间数据网格化处理，并根据喀斯特人为干预强度评价模型，进行多图层叠加分析与空间计算，获得喀斯特人为干预强度空间格局图(图5-1~图5-4)。具体步骤为：

(1)图层网格化。使用 ArcGIS 软件的投影转换工具，将多源数据转换到同一投影坐标下，并使用"转换工具"中的"面转栅格"工具，将所有指标层数据由矢量数据转为栅格数据，像元大小为10，便于空间叠加分析。

(2)图层叠加算术运算。Grid 数据支持简单的算术运算和数学函数运算以及逻辑运算。按照喀斯特区人为干预(KHI)公式，使用栅格计算器(raster calculator)，根据各指标权重计算得到人为干预综合指数图层。

(3)重新分类。根据喀斯特人为干预等级划分标准，利用重新分类工具(reclassify)对

人为干预综合指数图重新进行归类。

（4）将分析数据与其对应的 GPS 实地踏勘人为干预状况相对比，进行精度验证。

（5）数据的统计与分析。

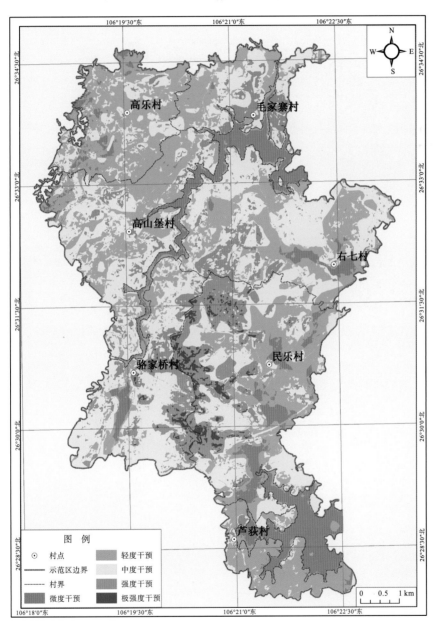

图 5-1　清镇红枫湖示范区人为干预强度空间分布（2000 年）

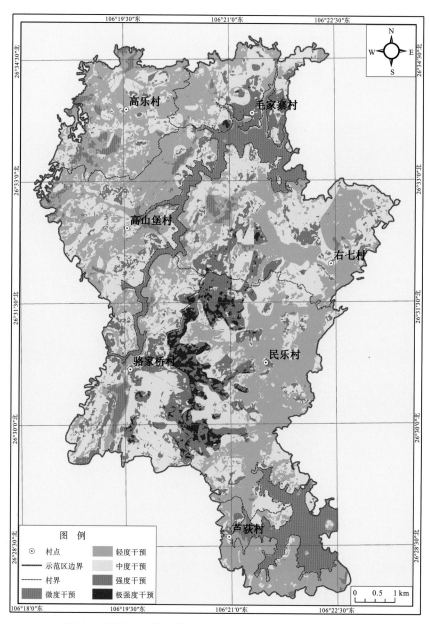

图 5-2　清镇红枫湖示范区人为干预强度空间分布(2005 年)

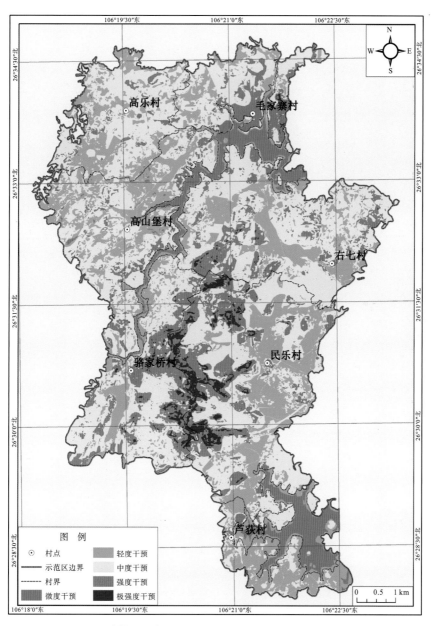

图 5-3　清镇红枫湖示范区人为干预强度空间分布(2010 年)

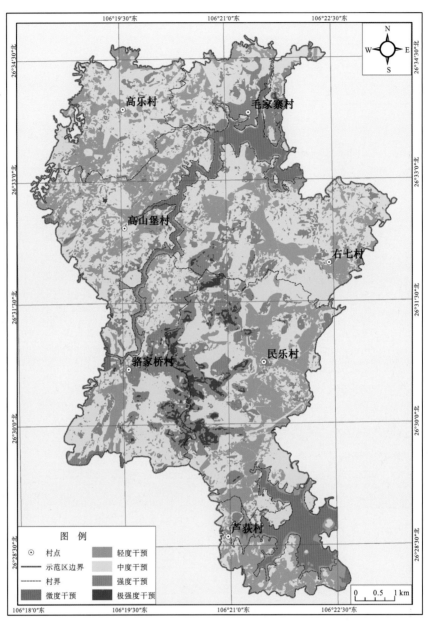

图 5-4　清镇红枫湖示范区人为干预强度空间分布(2013 年)

2. 人为干预强度的时空动态演化

1)人为干预强度时间变化分析

　　2000~2013 年清镇红枫湖示范区人为干预面积产生了较大的变化,微度干预和轻度干预面积分别减少了 2.34 km² 和 5.39 km²,占总面积的 3.87% 和 8.92%;中度干预的面积变化最为明显,增加 5.41 km²,占总面积的 8.95%;强度干预和极强度干预面积变化较小,分别增加了 1.94 km² 和 0.38 km²,占总面积的 3.22% 和 0.63%。从 2000 年、2005 年、2010 年和 2013 年四年的人为干预空间格局图分析来看,轻度干预和中度干预区域位置发生了明显变化，其他的干预变化不明显(图 5-5)。

从人为干预各期的变化速率上分析，2005～2010 年要比 2000～2005 年的整体变化速率快很多，变化也比较大。2010～2013 年各个干预的面积变化都比较小。分析其原因，2005～2010 年期间，人为干预最为强烈，"十一五"期间，在清镇红枫湖示范区内实施了一系列石漠化综合治理工程，人为干预更加强烈，改变了一些传统的生产和生活方式。2010～2013 年的变化比较小，说明生态系统比较稳定，人为干预程度变小。

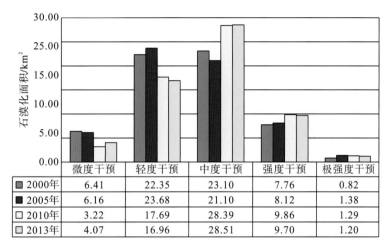

	微度干预	轻度干预	中度干预	强度干预	极强度干预
■ 2000年	6.41	22.35	23.10	7.76	0.82
■ 2005年	6.16	23.68	21.10	8.12	1.38
□ 2010年	3.22	17.69	28.39	9.86	1.29
□ 2013年	4.07	16.96	28.51	9.70	1.20

图 5-5　2000～2013 年清镇红枫湖示范区人为干预强度统计图

2) 人为干预强度空间变化分析

从总体上看，2000 年、2005 年、2010 年三个时期清镇红枫湖示范区人为干预空间格局变化较大，2013 年与 2010 年相比变化较小。2000 年和 2005 年人为干预在空间分布上比较一致，变化不大。微度干预主要是红枫湖湖泊水面及周边区域；轻度干预以白岩村、簸箩村、落海村和竹山村、芦荻村为主；中度干预以骆家桥村为主，右七村、高山堡村、毛家寨村、民联村轻度干预和中度干预相间分布；强度干预和极强度干预主要分布在骆家桥村、民联村、簸箩村和右七村交界的地方。2010 年和 2013 年微度干预还是以红枫湖水域为主，轻度干预与之前相比大量减少，轻度干预与中度干预相间分布于示范区内，强度干预与极强度干预在示范区内的分布基本不变。

5.2　不同人为干预强度下石漠化景观研究

清镇红枫湖示范区位于贵阳市的城市边缘，是人类活动比较强烈的地带，面临自然、社会、经济的多重压力，生态环境十分脆弱，产生石漠化问题，而人为干预的介入使石漠化问题得到有效的改善，人为干预的定量分析能够很好地为石漠化综合治理提供依据。

1. 微度干预

微度干预主要分布在无石漠化区，占整个示范区面积的比重很大，为 5.26%～9.33%。其中，微度石漠化、轻度石漠化、中度石漠化、强度石漠化和非喀斯区的面积所占比重很小，为 0.00%～3.00%，这一区域 2010 年受到的人为干预最小，仅 3.73 hm²。从时间上看，在微度干预区，2010 年受到的人为干预面积最小，为 321.73 hm²；2000 年受到的人为干预面积最大，为 641.04 hm²。强度石漠化区受到的微度干预最小，并且呈递减到无的趋势。这一区域主要以水域和有林地为主，红枫湖水库是贵阳市重要的饮用水水源地，保护较好，示范区内的封山育林、石漠化治理等工程有效地保护了区域内的林地资源，所以受到的干预较少。微度干预下的石漠化面积见图 5-6。

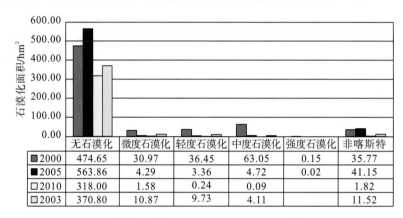

	无石漠化	微度石漠化	轻度石漠化	中度石漠化	强度石漠化	非喀斯特
2000	474.65	30.97	36.45	63.05	0.15	35.77
2005	563.86	4.29	3.36	4.72	0.02	41.15
2010	318.00	1.58	0.24	0.09		1.82
2003	370.80	10.87	9.73	4.11		11.52

图 5-6　清镇红枫湖示范区微度干预下的石漠化面积

2. 轻度干预

无石漠化区受到的轻度干预在 2000～2005 年呈增加的趋势，增加的面积较大，由 349.47 hm² 增加到 1450.08 hm²；而从 2005～2013 年呈现逐步递减趋势，变化幅度较小。其中，微度石漠化、轻度石漠化、中度石漠化和强度石漠化，2000～2013 年总体上都呈现出递减的趋势，由 2000 年的 1885.55 hm² 逐步减少到 2013 年的 411.29 hm²，并且强度石漠化受到的轻度干预比重最小，逐渐降低到无。这一区域以灌木林地和水田为主，水田作为基本农田，受到的人为干预较小，主要是由水田变为菜地，改变了用途。灌木林地主要受到封山育林的保护，受到轻度的人为干预。轻度干预下的石漠化面积见图 5-7。

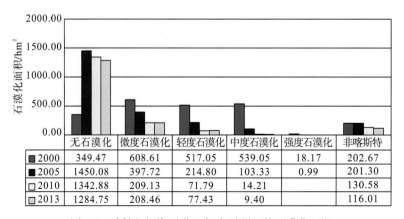

	无石漠化	微度石漠化	轻度石漠化	中度石漠化	强度石漠化	非喀斯特
2000	349.47	608.61	517.05	539.05	18.17	202.67
2005	1450.08	397.72	214.80	103.33	0.99	201.30
2010	1342.88	209.13	71.79	14.21		130.58
2013	1284.75	208.46	77.43	9.40		116.01

图 5-7　清镇红枫湖示范区轻度干预下的石漠化面积

3. 中度干预

总体上看，无石漠化、微度石漠化和非喀斯特区受到的中度干预面积在不断地增加，无石漠化区增加得最快，中度石漠化区和强度石漠化区受到的中度干预呈递减趋势，微度石漠化受到的人为干预呈递增趋势。总体上可以看出，人为干预退出之后（2010~2013年），受到中度干预的面积减小，说明实施石漠化综合治理后，区域内生态环境得到一定改善。区域内以旱地、园地、天然草地为主，在实际调查中，有大部分旱地都受到人为干预，变成果园或苗圃。中度干预下的石漠化面积见图5-8。

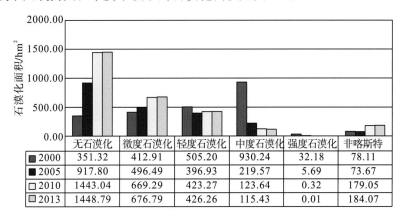

	无石漠化	微度石漠化	轻度石漠化	中度石漠化	强度石漠化	非喀斯特
2000	351.32	412.91	505.20	930.24	32.18	78.11
2005	917.80	496.49	396.93	219.57	5.69	73.67
2010	1443.04	669.29	423.27	123.64	0.32	179.05
2013	1448.79	676.79	426.26	115.43	0.01	184.07

图 5-8　清镇红枫湖示范区中度干预下的石漠化面积

4. 强度干预

无石漠化、微度石漠化和轻度石漠化受到的强度干预呈递增的趋势，由 2000 年的254.51 hm² 增加到 2013 年的 796.69 hm²；中度石漠化受到的强度干预由 2000 年的519.09 hm² 减少到 2005 年的 176.97 hm²，变化幅度较大；强度石漠化和非喀斯特地区受到的强度干预最小，示范区内的石漠化以中－轻度为主。区域内主要以裸岩石砾地、人工草地和荒草地为主，受到的人为干预强烈，特别是石漠化综合治理工程的实施，对这一区域的保护力度加大。强度干预下的石漠化面积见图5-9。

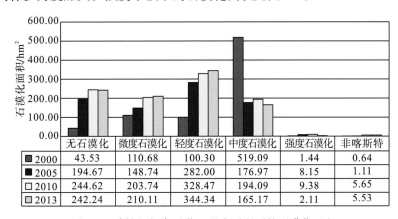

	无石漠化	微度石漠化	轻度石漠化	中度石漠化	强度石漠化	非喀斯特
2000	43.53	110.68	100.30	519.09	1.44	0.64
2005	194.67	148.74	282.00	176.97	8.15	1.11
2010	244.62	203.74	328.47	194.09	9.38	5.65
2013	242.24	210.11	344.34	165.17	2.11	5.53

图 5-9　清镇红枫湖示范区强度干预下的石漠化面积

5. 极强度干预

可以看出，中度石漠化区受到的极强度干预面积比重最大，其次是轻度石漠化区，非喀斯特地区几乎没有受到人为的极强度干预。清镇红枫湖示范区是以中－轻度石漠化综合治理为主的示范区，受到极强度的人为干预，符合这一区域的石漠化治理特征。极强干预下的石漠化面积见图 5-10。

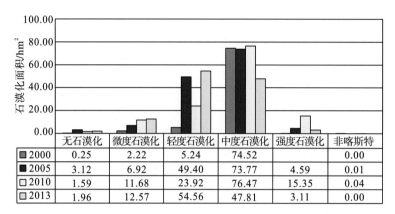

	无石漠化	微度石漠化	轻度石漠化	中度石漠化	强度石漠化	非喀斯特
2000	0.25	2.22	5.24	74.52		0.00
2005	3.12	6.92	49.40	73.77	4.59	0.01
2010	1.59	11.68	23.92	76.47	15.35	0.04
2013	1.96	12.57	54.56	47.81	3.11	0.00

图 5-10　清镇红枫湖示范区极强度干预下的石漠化面积

5.3　人为干预的介入与退出下石漠化演变特征

喀斯特地区人类活动深刻改变了地表景观，而组成景观的各种生态系统是人类赖以生存和发展的物质基础，因此有必要对人类活动造成的景观变化进行监测和评价，了解喀斯特生态系统退化过程，进而阻止石漠化的发生及发展(王媛媛等，2013)。针对当前喀斯特地区严重的石漠化问题，"十一五"期间开展了石漠化综合防治工程，改善区域内的生态环境，然而这些人为干预工程对石漠化治理产生了多大的影响？改善程度又如何？人为干预介入和退出前后产生了多大的变化？这些都是当前需要解决的问题。

1. 人为干预介入前石漠化演变特征

人为干预介入前面积统计见表 5-5。从总体上看，清镇红枫湖示范区在人为干预介入之前(2000～2005 年)的人为干预变化面积为 4.5 km²，总体上变化不大，变化率的总和为 7.45%。

表 5-5　清镇红枫湖示范区人为干预介入前面积统计表　　　　　　　　　　(单位：km²)

人为干预强度	2000 年	2005 年	2000～2005 年	变化率/%
微度干预	6.41	6.16	−0.25	0.41
轻度干预	22.35	23.68	1.33	2.2
中度干预	23.10	21.10	−2	3.31

续表

人为干预强度	2000 年	2005 年	2000~2005 年	变化率/%
强度干预	7.76	8.12	0.36	0.60
极强度干预	0.82	1.38	0.56	0.93

2. 人为干预介入中石漠化演变特征

人为干预介入中面积统计见表 5-6。从表 5-6 中可看出，人为干预的介入是一个漫长的过程，从微观上改变着清镇红枫湖示范区内的景观格局变化，2005~2010 年人为干预变化面积为 18.05 km²，变化率为 29.86%，与人为干预介入之前相比变化的面积相对较大，说明在石漠化治理期间景观类型发生了大的变化。

表 5-6　清镇红枫湖示范区人为干预介入中面积统计表　　（单位：km²）

人为干预强度	2005 年	2010 年	2005~2010 年	变化率/%
微度干预	6.16	3.22	−2.94	4.86
轻度干预	23.68	17.69	−5.99	9.91
中度干预	21.10	28.39	7.29	12.06
强度干预	8.12	9.86	1.74	2.88
极强度干预	1.38	1.29	−0.09	0.15

3. 人为干预退出后石漠化演变特征

人为干预退出后面积统计见表 5-7。从表 5-7 中可看出，人为干预退出之后，清镇红枫湖示范区从 2010~2013 年的面积变化为 1.96 km²，变化率为 3.25%。与人为干预介入之前相比较，石漠化治理取得了一些成效，改善了生态环境，同时人类活动强度降低。

表 5-7　清镇红枫湖示范区人为干预退出后面积统计表　　（单位：km²）

人为干预强度	2010 年	2013 年	2010~2013 年	变化率/%
微度干预	3.22	4.07	0.85	1.41
轻度干预	17.69	16.96	−0.73	1.21
中度干预	28.39	28.51	0.12	0.20
强度干预	9.86	9.69	−0.17	0.28
极强度干预	1.29	1.20	−0.09	0.15

人为干预面积变化率对比情况见图 5-11。从图 5-11 中可以看出，2005~2010 年受到人为干预的面积变化率比较大，中度干预面积 2010 年与 2005 年相比较增加了 7.29 km²，轻度干预面积 2010 年与 2005 年相比较则减少了 5.99 km²，微度干预面积 2010 年与 2005 年相比较则减少了 2.94 km²。2000~2005 年、2010~2013 年两阶段的变化率总体上变化不大，相交分布。

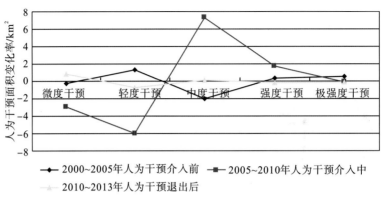

图 5-11　人为干预面积变化率对比

第6章 人为干预下喀斯特石漠化
生态系统健康诊断

生态系统健康是环境安全和可持续发展的根本保证，已成为生态环境研究的一个热点和趋势。20世纪90年代初，国内外专家学者初步探讨生态系统健康诊断问题，但主要侧重于相关概念(Sahaeffer et al.，1998；Rapport et al.，1998)内涵、指标体系和研究尺度方面的研究，后来才逐渐应用于森林(袁菲等，2013)、湿地(李春华等，2012)、流域(廖静秋等，2014；朱卫红等，2014)、农田(金姝兰等，2013)、矿区(贾锐鱼等，2011)、城市(李双江等，2012)等自然生态系统管理中。随着喀斯特地区生态环境退化日益加重，喀斯特生态系统脆弱性和人类影响喀斯特地区的环境退化、石漠化的防治和喀斯特生态重建研究(李阳兵等，2014；魏小岛等，2012)受到国内外专家和学者的关注。而石漠化健康诊断是进行石漠化综合治理和生态环境恢复与建设的基础和前提，因此，前期对石漠化地区进行健康诊断，进而在规划和建设中找准病症和致病因素，才能对症下药，解决根本问题。目前，喀斯特地区对单一生态过程(宋同清等，2014；王晓学等，2012；李雪冬等，2014；余霜等，2014)的研究较深入，而在石漠化地区基于定性和定量相结合的生态系统诊断研究尚处于起步阶段。因此，运用格网GIS技术，提出较为科学、合理的生态系统健康诊断指标体系和方法，探讨喀斯特石漠化生态系统健康的时空变化规律，才能为石漠化生态系统健康经营与管理提供理论方法和科学依据。

6.1 喀斯特石漠化生态系统健康诊断

6.1.1 数据源及预处理

按照生态系统健康研究的要求，根据已有关于空间尺度、信息类型的研究结论，结合花江示范区的可获取数据，研究最终选择 TM、ETM+、ALOS 三期遥感数据源，通过遥感影像解译，结合野外调查和样地监测，运用 ENVI 和 ArcGIS 生成了土地利用类型、植被覆盖度、石漠化、水土流失等衍生数据；年平均降水量和年平均温度等气象数据均来源于贵州省气象信息中心和花江示范区的便携式自动气象站(型号 DAVIS-Vantage Pro26162)；地貌和岩性信息来源于关岭−贞丰地区 1∶20 万区域水文地质图，图幅编号为 G−48−XXII；坡度信息来源于 1∶1 万区域地形图；人文、社会、经济数据来源于在花江示范区的问卷调查、抽样调查与访谈以及典型农户的追踪调查；花江示范区石漠化综合治理各项工程的数据和工程布置图主要来源于《点石成金——贵州石漠化治理技术与模式》，并实地调查作为补充；景观格局指数的提取采用 FRAGSTATS3.3 软件。

6.1.2 生态系统健康诊断指标体系

1. 诊断指标系统的建立

　　石漠化生态系统是自然-经济-社会复合的生态系统，是一个开放系统，也是一个相对异质性的系统，其各子系统之间不断地进行着能量、物质和信息流动（易武英等，2014）。健康的石漠化生态系统具有活力、恢复力、自我维持能力，不仅能保持和维护生态系统自身的良好服务功能，还能支撑人类社会的可持续发展。石漠化生态系统要可持续维持或支持其内在的组分、功能和结构动态健康及其进化发展，必须要实现其生态的合理性、经济有效性和社会可接受性。

　　目前，生态系统健康研究中最常用的方法是指标体系法，诊断指标要根据生态系统健康的概念和内涵，选取可定量、可操作和针对性强的指标，指标体系要完整准确地反映被诊断对象的生态系统健康状况，也要反映各类生态系统的生物物理状况和人类胁迫状况，寻求自然、人为压力与生态系统健康变化之间的联系。生态系统健康的诊断作为一门交叉学科的实践，不仅包括系统综合水平、物种多样性等多尺度的生态指标，还包括物理、化学方面的指标及社会经济、人类健康指标，反映生态系统为人类社会提供生态系统服务的质量与可持续性（彭建等，2007）。因此，喀斯特石漠化生态系统健康诊断指标的选取不仅要将生态、经济、社会三要素结合起来，而且还要考虑石漠化生态的变化过程、资源、环境和人类健康协调现状及发展趋势，结合研究区特点和资料获取情况，建立生态环境支撑系统、资源环境支撑系统和社会经济支撑系统3个二级层次15个指标的石漠化生态系统健康诊断指标体系（表6-1）。

表6-1　石漠化生态系统健康综合诊断指标体系及权重

目标层	准则层	权重	要素层	指标层	数据来源	权重值
石漠化生态系统健康诊断指标体系	生态环境支撑系统	0.22	地质	岩性	地质图	0.0218
			地貌	坡度	DEM数据	0.0315
			气候	年平均降水量	监测数据	0.0392
				年平均温度	监测数据	0.0297
			土壤	土地利用	RS+GIS+DEM数据	0.0978
	资源环境支撑系统	0.5299	活力	林草覆盖指数	RS+GIS+监测数据	0.0899
				景观多样性指数	RS+GIS+基础地理数据	0.0699
			组织	水土流失程度	RS+GIS+监测数据	0.0848
				石漠化程度	RS+GIS+监测数据	0.0943
				垦殖系数	RS+GIS+基础地理数据	0.0512
			恢复力	石漠化治理工程	RS+GIS+监测数据	0.1398
	社会经济支撑系统	0.2501	经济	人均GDP	走访调查数据	0.0345
			人口	人口密度	走访调查数据	0.0641
			受教育程度	人口素质	走访调查数据	0.0321
			人为干扰	人为干扰度	RS+GIS+基础地理数据	0.1194

2. 指标权重的确定

权重是以某种数量形式对比、权衡被诊断系统中诸因素相对重要程度的量值。确定权重的方法有 Delphi 法(又称专家打分法)、层次分析法(AHP)、主成分分析法、因子分析法等。目前,层次分析法应用最为广泛,也相对成熟,因此,在生态系统健康诊断中采用层次分析法来确定指标权重,并通过一致性检验,得出最终诊断指标的权重(表 6-1)。

3. 诊断标准

石漠化生态系统健康诊断涉及自然、生态、社会经济等三个方面的多个指标,指标来源复杂,对总指标贡献大小有差异,难以统一给出一个标准的分级标准。本书以各诊断因子对生态系统健康的影响方式和作用程度对其进行分级,将单个生态因子的健康程度分为 5 个等级,依次为病态、不健康、亚健康、健康和很健康,形成石漠化生态系统健康诊断指标的标准(表 6-2)。各单项诊断指标目标值以国家和石漠化地区水土保持生态建设目标为依据,参照《水土保持监测技术规程》(SL 277—2002)、《岩溶地区工程地质调查规程》(DZ/T 0060—1993)、《岩溶地区水土流失综合治理技术标准》(SL 461—2009)、《喀斯特石漠化的遥感—GIS 典型研究——以贵州省为例》(熊康宁等,2002)和《遥感制图标准》(李荣彪等,2009)等。

表 6-2　石漠化生态系统健康诊断分级标准

指标层	诊断函数分值,评判标准,标准分级				
	9,Ⅰ级,很健康	7,Ⅱ级,健康	5,Ⅲ级,亚健康	3,Ⅳ级,不健康	1,Ⅴ级,病态
岩性	—	泥灰岩夹砂质灰岩	—	白云质灰岩	—
坡度/(°)	<8	8~15	15~25	25~35	>35
年降水量/mm	1300~1400	1200~1300>1400	1100~1200	1000~1100	<1000
年平均气温/℃	<16	16~17	17~18	18~19	>19
土地利用	有林地、河流水面	灌木林地、草地、水田	旱地、园地	住宅用地、交通运输用地	采矿用地、裸岩石砾地
林草覆盖指数	>75°	60°~75°	45°~60°	30°~45°	<30°
景观多样性指数	>2.5	2.5~2	<2	—	—
水土流失强度	无侵蚀	轻度侵蚀	中度侵蚀	强烈侵蚀	极强烈侵蚀
石漠化程度	非喀斯特、无石漠化	潜在石漠化	轻度石漠化	中度石漠化	强度、极强度石漠化
垦殖系数	<10	10~20	20~35	35~50	>50
石漠化治理工程	—	封山育林水保林	经果林防护林	坡改梯人工种草	无工程区
人均 GDP/元	>4500	3500~4500	2500~3500	1500~2500	<1500
人口密度/(人/km²)	<100	100~150	150~200	200~250	>250
高中及高中以上人口数/人	>25	20~25	15~20	10~15	<10
人为干扰度	无干扰区 <0.1	轻度干扰 0.1~0.39	中度干扰 0.4~0.59	强度干扰 0.6~0.79	极强度干扰 0.8~1

4. 格网 GIS 诊断方法

在喀斯特石漠化生态系统健康诊断研究中，选择相应分辨率(5 m×5 m)格网作为基本诊断单元，根据石漠化生态系统健康诊断标准，在单因子赋值的基础上，进行空间数据网格化与归一化处理，利用 ArcGIS 的空间分析模块，配合 Identity、Clip、Intersection、Update 等模块(袁淑杰等，2007)，实现对花江示范区喀斯特石漠化生态系统健康单因子的诊断。再根据石漠化生态系统健康诊断模型，运用栅格计算器进行多图层叠加分析与空间计算，得出石漠化生态系统健康空间格局图(图 6-2~图 6-4)。

6.1.3　石漠化生态系统健康综合诊断模型构建

为进一步获得研究区生态系统健康诊断结果，需要选择合适的评估方法对其进行综合诊断计算。本书借鉴已有的研究成果(王一涵等，2011；陆丽珍等，2010)，采用综合诊断模型构建石漠化生态系统健康诊断综合指数。石漠化生态系统健康诊断综合指数是以各个单因子指标为基础，运用格网 GIS 诊断方法进行加权叠加来计算的，具体如下。

$$K = \sum_{i=1}^{n} E_i \times W_i \tag{6-1}$$

式中，K 为生态系统健康诊断综合指数；n 为诊断指标个数；W_i 为第 i 诊断指标的权重，$i=1, 2, \cdots, 15$；E_i 为指标量化值。

6.1.4　石漠化生态系统健康诊断等级划分

从自然、社会、生态等各个方面，参考喀斯特生态环境质量指标分级、评分标准以及有关专题研究资料，通过 GPS 实地踏勘和咨询有关专家，将综合分析数据与其相对应的实地生态系统健康状况相对比，最终制定出石漠化地区生态系统健康综合指数判别标准，共五个等级(表 6-3)。

表 6-3　石漠化生态系统健康等级划分

等级	综合诊断指数	表征状态	石漠化地区生态系统健康状况
Ⅰ	>4	很健康	生态系统活力极强，结构完整，功能完善，外界压力小，人地关系和谐，无生态异常，恢复力强，系统极稳定，处于可持续状态
Ⅱ	(3，4]	健康	生态系统活力强，结构合理，功能较完善，外界压力较小，人地关系基本和谐，无生态异常。一般干扰可恢复，系统尚稳定，生态系统可持续
Ⅲ	(2.5，3]	亚健康	生态系统具有一定活力，外界压力较大，接近生态阈值，存在明显的人为干扰，受干扰后生态环境易恶化，系统结构破坏较大，功能退化
Ⅳ	(2，2.5]	不健康	生态系统活力较低，结构残缺不全，功能严重退化且不全，外界压力大，生态异常较多，人为干扰程度较深，受干扰后恢复困难，系统退化严重
Ⅴ	≤2	病态	生态系统活力极低，结构极不合理，功能基本丧失，外界压力很大，出现大面积的生态异常区，人为干扰程度很深，恢复和重建十分困难，生态过程很难逆转

6.2　喀斯特石漠化生态系统健康演替趋势

6.2.1　喀斯特高原峡谷生态系统健康时间演替趋势

生态系统健康随时间的动态变化是系统健康时空变化的重要组成部分，也是健康诊断时空变化的基础和保证。根据建立的石漠化生态系统健康诊断指标系统及诊断模型，对石漠化生态系统健康进行诊断，得出三个时期（2000 年、2005 年、2010 年）花江示范区生态系统健康时间动态变化。

对 2000~2005 年花江示范区石漠化生态系统健康诊断结果进行统计，生成 2000~2005 年生态系统健康变化统计表（表 6-4）。可以看出 2000~2005 年这 5 年间，无很健康区域，等级Ⅲ（亚健康）和等级Ⅴ（病态）的区域面积变化最为明显；等级Ⅴ（病态）区域面积从 2000 年的 1155.12 hm² 下降到了 2005 年的 871.55 hm²，下降了 5.54 个百分点；等级Ⅲ（亚健康）区域面积也从 2000 年的 1703.69 hm² 上升到 2005 年的 1898.44 hm²，上升了 3.8 个百分点，这两个等级的改善对生态系统健康改善贡献最大。等级Ⅱ（健康）、等级Ⅳ（不健康）的区域面积变化较前两者要小，等级Ⅳ（不健康）的区域面积减少了 1.35%，等级Ⅱ（健康）的区域面积增加 3.09%。

表 6-4　2000~2005 年花江示范区石漠化生态系统健康诊断及动态变化

等级	生态系统健康诊断	2000 年		2005 年		变化差值/hm²	变化比例/%
		面积/hm²	比例/%	面积/hm²	比例/%		
Ⅰ	很健康	0	0	0	0	0	0
Ⅱ	健康	191.79	3.75	350.48	6.84	158.69	3.09
Ⅲ	亚健康	1703.69	33.27	1898.44	37.07	194.75	3.8
Ⅳ	不健康	2069.98	40.42	2000.68	39.07	−69.3	−1.35
Ⅴ	病态	1155.12	22.56	871.55	17.02	−283.57	−5.54

对 2005~2010 年花江示范区石漠化生态系统健康诊断结果进行统计，生成 2005~2010 年生态环境质量动态变化统计表（表 6-5），可以看出 2005~2010 年这 5 年间，生态系统健康改善面积比例占示范区总面积的 6.95%。其中，等级Ⅴ（病态）区域面积减少了 201.22 hm²，改善比例达到了 3.93%；等级Ⅳ（不健康）区域面积从 2005 年的 2000.68 hm² 减少到 2010 年的 1781.23 hm²；等级Ⅱ（健康）面积从 2005 年的 350.48 hm² 增加到 2010 年的 421.5 hm²；等级Ⅲ（亚健康）区域区域面积增加了 349.73 hm²，改善比例达到了 6.82%。石漠化生态系统健康状况改善明显，这也和 2005~2010 年区域石漠化综合治理工程措施的增加相吻合。

表 6-5   2005~2010 年花江示范区石漠化生态系统健康诊断及动态变化

等级	生态系统健康诊断	2005 年		2010 年		变化差值/hm²	变化比例/%
		面积/hm²	比例/%	面积/hm²	比例/%		
Ⅰ	很健康	0	0	0	0	0	0
Ⅱ	健康	350.48	6.84	421.5	8.23	71.02	1.39
Ⅲ	亚健康	1898.44	37.07	2248.17	43.89	349.73	6.82
Ⅳ	不健康	2000.68	39.07	1781.23	34.79	−219.45	−4.28
Ⅴ	病态	871.55	17.02	670.33		−201.22	−3.93

     通过对 2000 年、2005 年、2010 年花江示范区生态系统健康综合诊断结果中各不同等级的面积和其所占区域总面积百分比的数据统计(图 6-1),对比分析花江示范区 2000~2010 年生态系统健康的变化。由图 6-1 可看出,总体上看,很健康的区域不存在;健康的区域呈上升趋势,由 2000 年的 3.75% 上升到 2010 年的 8.23%;亚健康的区域有所上升,2000 年、2005 年和 2010 年所占比例分别为 33.27%、37.07%、43.89%;不健康的区域所占面积比例 2000 年达到了最高,为 40.42%,之后有明显下降趋势,2005 年、2010 年不健康的区域所占比例分别为 39.07%、34.79%;病态的区域所占比重呈下降趋势,由 2000 年的 22.56%,到 2005 年的 17.02%,到 2010 年的 13.09%。这表明花江示范区生态系统健康状况在研究时期内有缓慢改善的趋势,但整体上仍以不健康和亚健康的生态系统健康诊断等级为主,占区域总面积的 78.68%。

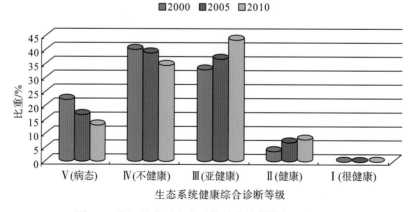

图 6-1   花江示范区生态系统健康诊断等级面积比重

     从生态系统健康各级别变化速率上分析,2005~2010 年比 2000~2005 年整体改善速率快,改善面积多。将两个时期对比来看,2000~2005 年病态和不健康区域的面积减少了 352.87 hm²,而 2005~2010 年减少了 420.67 hm²。亚健康和健康区域变化速率 2000~2005 年增加了 6.89%,2005~2010 年增加了 8.21%。分析其原因,是由于 2000~2005 年期间,人为干扰总体依旧强烈,农村落后的生产方式仍然没有得到转变,人为干预的生态修复措施刚刚开始,石漠化综合治理工程正在逐渐投入,一些工程的治理效果还没有得到充分的展现。而 2005~2010 年期间,人为干扰总体在逐渐减弱,农村落后的生产方式得到一定调整，人为干预的生态修复措施、大量的石漠化综合治理工程已经投入，一些工程的治理效果已经初步展现。

6.2.2　喀斯特高原峡谷生态系统健康空间演替趋势

2000 年、2005 年和 2010 年花江示范区生态系统健康空间分布如图 6-2～图 6-4 所示。花江示范区生态系统健康在空间上呈现出区域差异。以 2010 年为例，花江示范区整体上生态环境脆弱、生态敏感性强，石漠化、水土流失等生态灾害十分严峻，喀斯特生态系统的自然结构破坏严重，花江示范区生态系统很健康的区域不存在。健康的区域集中分布于水热条件较好的峰丛洼地与峰丛谷地。近 10 年，生态系统健康的区域有所增加，改善最明显的区域主要分布于北盘江的两侧、低丘岗地、海拔 800 m 以下的峰丛洼地、峰丛谷地和槽子组、水淹坝、查耳岩、三家寨、孔落箐、银洞湾村等石漠化综合治理工程主要分布的村组。亚健康的区域分布较为均匀，不同地貌类型和海拔均有分布，但北盘江两侧的丘峰台地相对其他区域有所增加。不健康的区域，在峰丛台地和侵蚀台地上分布较为明显，区内石漠化严重、植被覆盖率低。不健康和亚健康的生态系统健康等级区域是花江示范区最主要的环境区域，病态的区域主要分布在北盘江以北、示范区东北部、海拔 1000～1200 m 的侵蚀陡坡上，其土地利用类型多为荒草地和裸岩石砾地。坡度陡峭、水土流失和石漠化程度严重、植被覆盖率很低是其主要特征。

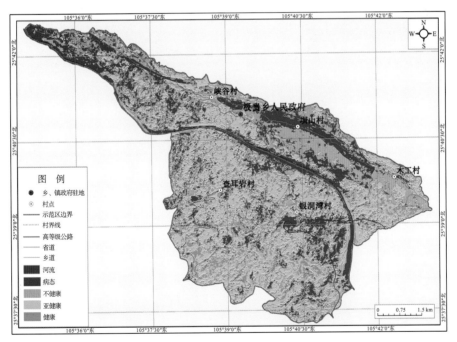

图 6-2　花江示范区生态系统健康诊断结果(2000 年)

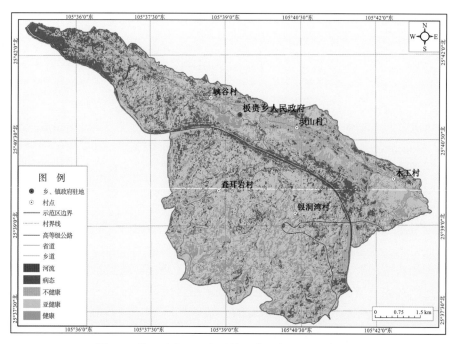

图 6-3　花江示范区生态系统健康诊断结果(2005 年)

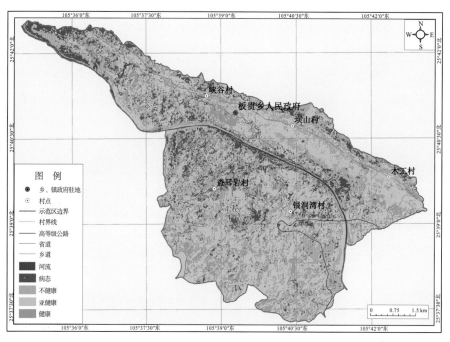

图 6-4　花江示范区生态系统健康诊断结果(2010 年)

6.2.3　喀斯特高原盆地生态系统健康时间演替趋势

　　在清镇红枫湖示范区选取王家寨和羊昌洞典型石漠化治理小区为研究区,通过对 2000～2013 年两个治理小区生态系统健康程度的分析,探讨在典型的城郊型生态农业治理模式与生态畜牧业治理模式人为干预下高原盆地区石漠化生态系统健康状况及演替规律。

王家寨治理小区位于清镇红枫湖示范区,是簸箕小流域内的一个次一级的小流域,位于红枫湖上游麦翁河流域东侧,地理坐标处于东经 $106°19'24''\sim106°20'27''$,北纬 $26°29'22''\sim26°30'16''$,小流域面积 226 hm²。该流域为典型喀斯特浅碟状峰丛洼地,峰丛与洼地的面积比为 1.65:1,海拔最高点 1451.1 m,最低点 1275 m(杜雪莲等,2010)。整体地形中部低、四周高,中部洼地面积比重较大,洼地周围的山地、峰丛的地形破碎,山高坡陡,喀斯特作用强烈(陈生华,2010)。该区岩性较均一,出露地层主要为 T_2g 中三叠系贵阳组碳酸盐岩、灰质白云岩,洼地大多为第四系沉积物所覆。年平均气温 14℃,极端最低温 $-5℃$,极端最高温 35℃,$\geq10℃$ 的活动积温 4500℃,年降水量 1200 mm,雨热同季,降水时空分布极不均匀,主要集中在 5~9 月,降水量占全年降水量的 77.3%,属亚热带高原季风湿润气候(李晋等,2012)。王家寨治理小区耕作方式还很落后,陡坡垦殖较为普遍,产业结构不合理,石漠化有进一步加深趋势。

羊昌洞治理小区位于清镇红枫湖示范区,地理坐标处于东经 $106°19'20''\sim106°20'37''$,北纬 $26°29'33''\sim26°30'00''$ 之间,总面积为 265.38 hm²。该流域位于典型的喀斯特高原盆地中心区,地貌主要为低山丘陵、洼地,洼地面积比例较大,海拔最高点 1452 m,最低点 1240 m。气候属亚热带季风区,平均气温 14℃,年降水量 1192.5 mm,冬无冷寒夏无酷暑。土壤以黄壤、黄色石灰土为主。近年来引进种草养牛技术,大力发展奶牛养殖,经济快速增长。

1. 王家寨治理小区生态系统健康演替趋势

王家寨治理小区 2000~2013 年生态系统健康情况如图 6-5~图 6-7 所示。王家寨治理小区生态系统健康度呈逐步变好的趋势,2000 年生态系统健康度呈很健康的面积为 1.21 hm²,健康的面积为 53.58 hm²,亚健康的面积为 105.90 hm²,不健康的面积为 56.55 hm²,处于病态的面积为 3.99 hm²。2006~2010 年王家寨小流域开始实施石漠化治理工程主体。生态系统健康度有了明显提高。到 2010 年生态系统健康度呈很健康的面积为 4.38 hm²,健康的面积为 59.97 hm²,亚健康的面积为 105.34 hm²,不健康的面积为 48.72 hm²,处于病态的面积为 2.82 hm²。2010 年与 2000 年相比,生态系统健康度呈很健康的增长 3.6%,健康的增长 1.11%,亚健康的下降 0.01%,不健康的下降 0.14%,病态的下降 0.3%。2010~2013 年治理工程实施后,出现了一些工程荒废和工程管理疏忽的问题,导致生态系统健康度在不健康和病态两个程度的小幅度回升,但总体还是呈变好趋势。2013 年同 2000 年相比生态系统健康度呈很健康的面积为 7.04 hm²,健康的面积为 65.36 hm²,亚健康的面积为 95.85 hm²,不健康的面积为 46.89 hm²,病态的面积为 3.01 hm²。2010 年与 2000 年相比生态系统健康度呈很健康的增长 5.7%,健康的增长 1.21%,亚健康的下降 0.07%,不健康的下降 0.18%,处于病态的下降 0.25%。

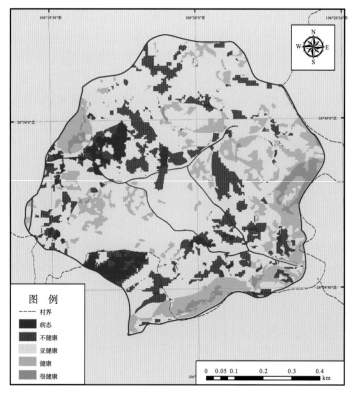

（a）2000 年

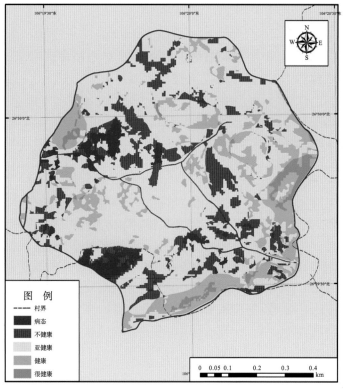

（b）2005 年

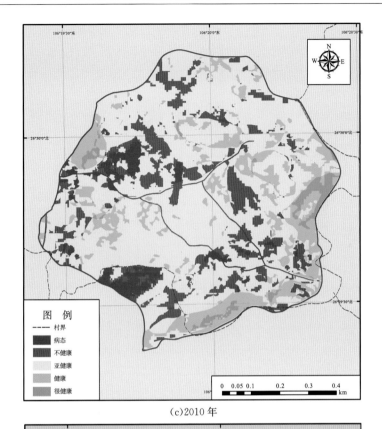

(c)2010 年

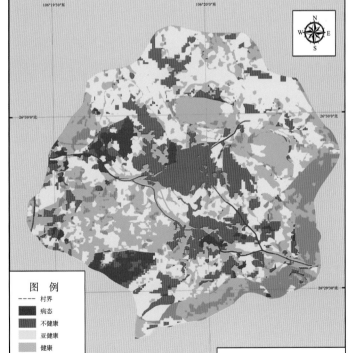

(d)2013 年

图 6-5　王家寨治理小区生态系统健康评价图

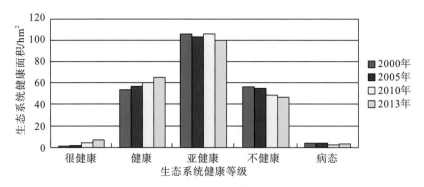

图 6-6　王家寨治理小区生态系统健康程度年变化图

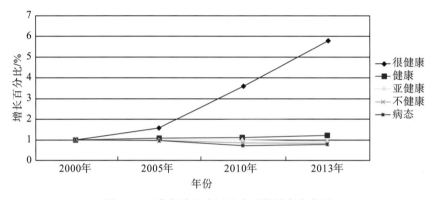

图 6-7　王家寨治理小区生态系统健康变化图

2. 羊昌洞治理小区生态系统健康演替趋势

羊昌洞治理小区 2000~2013 年生态系统健康情况如图 6-8~图 6-10 所示。羊昌洞治理小区生态系统健康度呈逐步变好的趋势，2000 年生态系统健康度呈很健康的面积为 4.26 hm²，健康的面积为 30.57 hm²，亚健康的面积为 112.47 hm²，不健康的面积为 27.77 m²，处于病态的面积为 8.87 hm²。2006~2010 年羊昌洞小流域开始实施石漠化治理工程主体，生态系统健康度有了明显提高。到 2010 年生态系统健康度呈很健康的面积为 8.55 hm²，健康的面积为 47.36 hm²，亚健康的面积为 99.18 hm²，不健康的面积为 22.22 hm²，处于病态的面积为 6.66 hm²。2010 年与 2000 年相比，生态系统健康度呈很健康的增长 2.9%，健康的增长 1.94%，亚健康的下降 0.34%，不健康的基本不变，病态的下降 0.8%。2010~2013 年治理工程实施后，出现了一些工程荒废和工程管理疏忽的问题，导致生态系统健康度在不健康和病态两个程度的小幅度回升，但总体还是呈变好趋势。2013 年同 2000 年相比，生态系统健康度呈很健康的面积为 12.47 hm²，健康的面积为 60.06 hm²，亚健康的面积为 74.78 hm²，不健康的面积为 27.77 hm²，病态的面积下降到 1.72 hm²。2013 年与 2000 年相比，生态系统健康度呈很健康的增长 2.9%，健康的增长 1.94%，亚健康的下降 0.34%，不健康的基本不变，病态的下降 0.8%。

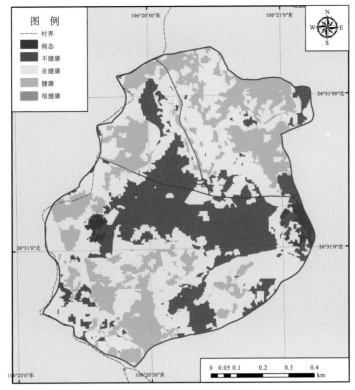

(a)2000 年

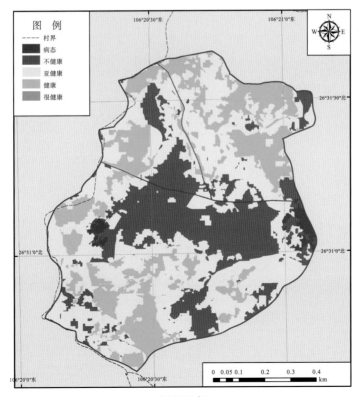

(b)2005 年

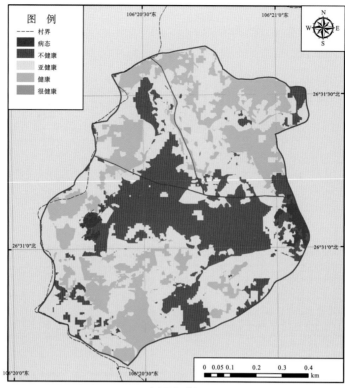

(c)2010 年

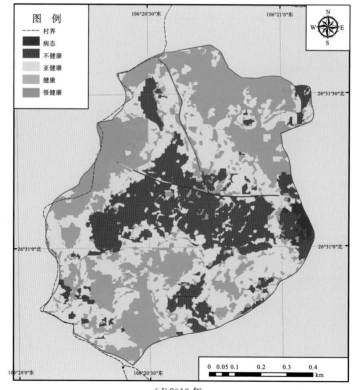

(d)2013 年

图 6-8　羊昌洞治理小区生态系统健康评价图

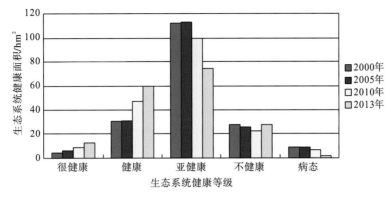

图 6-9　羊昌洞治理小区生态系统健康程度年变化图

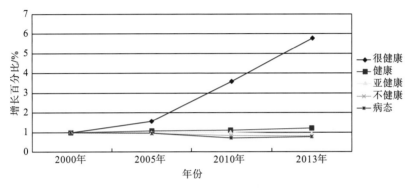

图 6-10　羊昌洞治理小区生态系统健康变化图

6.3　人为干预对喀斯特石漠化生态系统健康的影响

6.3.1　人为干预对喀斯特高原峡谷区生态系统健康的影响

1. 喀斯特石漠化生态系统健康空间动态变化分析

生态系统健康变化的空间分异特征与生态系统健康本身的空间分异特征并不相同。生态系统健康变化是自然和人文共同作用的结果，其演替方式复杂多样。基于斑块的生态系统健康动态变化角度分析，生态系统健康发展/逆转的变化面积为监测期末的生态系统健康面积与监测初期的生态系统健康面积的差值，当其值大于 0 时，生态系统为正向演变；当其值小于 0 时，生态系统为逆向演变。按照生态环境演替规律，将生态系统健康的时空演变概括为不变型、持续好转型、反复变化型、持续恶化型 4 种类型(图 6-11～图 6-13，表 6-6)。①不变型，即生态系统健康等级没有发生变化。②好转型，指生态系统健康等级的正向演替过程，在这种生态系统健康的演替过程中，生态系统有所改善，结构与功能有所完善，人地关系逐步和谐。③反复变化型，指生态系统健康等级反复发生变化。在石漠化治理过程中，生态系统时好时坏，反映了喀斯特石漠化生态系统的不稳定性。④恶化型，指生态系统健康等级的逆向演替。在演替过程中，生态系统不断恶化，结构与功能退化，需要加大石漠化生态系统的保护与治理力度。

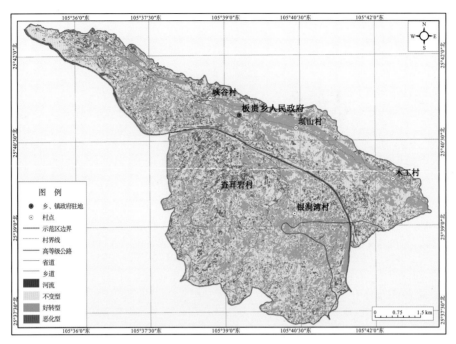

图 6-11   2000～2005 年花江示范区生态系统健康空间分异

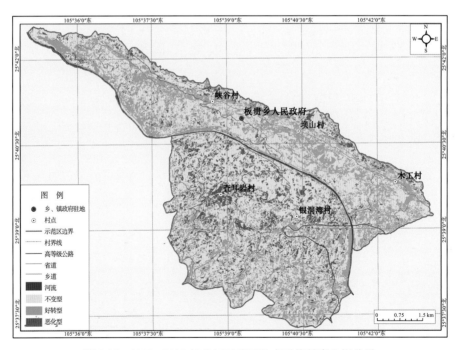

图 6-12   2005～2010 年花江示范区生态系统健康空间分异

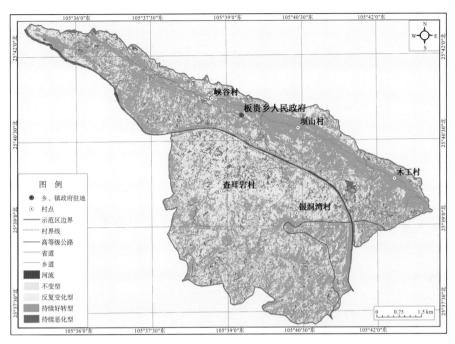

图 6-13　2000～2010 年花江示范区生态系统健康空间分异

表 6-6　不同时期花江示范区生态系统健康动态变化统计表　　　　　（单位：hm²）

	2000～2005 年	2005～2010 年	2000～2010 年
生态系统健康不变区面积	2844.14	2618.81	2645.2
生态系统健康持续好转区面积	1360.71	1827.73	1556.53
生态系统健康持续恶化区面积	956.8	715.11	498.75
生态系统健康反复变化区面积	—	—	461.17

　　从整体上看，在花江示范区不同时期的生态系统健康空间动态变化中，生态系统健康不变区占示范区总面积一半以上。生态系统健康不变区相对稳定，主要分布在水热条件较好的峰丛洼地、峰丛谷地地区，其系统结构和功能相对完善。生态系统健康持续好转区逐年增加，主要分布在石漠化综合治理工程布置的地区以及非喀斯特地区。而人口密集的居民点、交通用地以及查耳岩村的部分村民组，由于大量开采石场出现了生态系统健康持续恶化的现象，虽然面积很小，但这一问题不容忽视。2005～2010 年与 2000～2005 年相比，花江示范区生态系统健康好转区面积增加了 467.02 hm²，而生态系统健康恶化区面积则减少了 241.69 hm²。这与农村落后的生产方式得到调整，石漠化综合治理工程效果逐渐显现相关。2000～2010 年的生态系统健康改善区面积并不等于 2001～2005 年和 2005～2010 年的生态安全改善区面积之和，而是出现反复变化的情况，反复变化区呈零星状分布，与生态系统健康不变区与生态系统健康好转区镶嵌在一起，这进一步印证了脆弱的喀斯特环境是生态系统持续恶化的自然背景。人地矛盾始终贯穿其中，喀斯特生境极易受到人类活动的干扰和破坏，而且一旦破坏极难恢复。石漠化治理是一个漫长的过程，不是一蹴而就的，中间还会出现一些反复。

2. 人为干预对喀斯特高原峡谷区生态系统健康的影响

由于石漠化综合治理点、线工程绝大部分都是和面状工程相配套的，而且多数分布在面状工程内部。因此，在研究人为干预中用石漠化综合治理面状工程代替了整个系统治理工程。将花江示范区石漠化综合治理工程布置图与 2000~2010 年花江示范区喀斯特生态系统健康动态变化图进行空间叠加分析，统计分析两者耦合数据得出：对比有无石漠化综合治理工程措施下花江示范区生态系统健康的改善状况，实施工程区明显高于无工程区，高 40.57%，说明石漠化综合治理工程对改善生态环境产生了一定的成效。进一步探究不同石漠化治理工程措施下花江示范区生态系统健康的改善状况（表 6-7，图 6-14），生态系统健康改善比例依次为：封山育林＞坡改梯＞经果林＞水保林＞防护林＞人工种草。这直接证明了在恢复石漠化生态系统过程中，石漠化综合治理工程产生了明显的生态效应，这是喀斯特人文社会响应的重要表现，也是石漠化综合治理效果的重要反映。

表 6-7　花江示范区生态系统健康改善比例表

	防护林	水保林	经果林	封山育林	人工种草	坡改梯	实施工程区	无工程区	示范区
生态系统健康恶化区面积/hm²	0.32	19.07	23.17	22.86	6.33	1.49	73.24	125.51	198.75
生态系统健康不变区面积/hm²	2.85	135.69	216.63	128.91	53.66	18.76	556.5	2888.7	3445.2
生态系统健康好转区面积/hm²	2.71	147.48	261.71	285.02	28.71	30.95	756.58	399.95	1156.53
生态系统健康反复变化区面积/hm²	2.37	23.63	42.55	19.45	7.69	3.6	99.29	261.88	361.17
改善比例/%	32.85	45.26	48.1	62.47	29.79	56.48	51.45	10.88	22.41

注：改善比例即生态系统健康改善区占相应分类总面积的比例

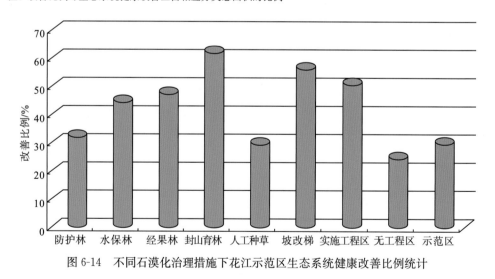

图 6-14　不同石漠化治理措施下花江示范区生态系统健康改善比例统计

6.3.2　人为干预对喀斯特高原盆地区生态系统健康的影响

1. 城郊型生态农业治理模式与生态系统健康的相关性分析

生态农业模式是以生态学、经济学为理论指导，综合考虑区域农业资源优势，以保护和扩大森林为核心，以水土保持、环境保护、扩大植被覆盖、合理调整经济结构和作物结构、维系生态平衡为目标，走生态农业的道路，发展特色农业，促进生态经济的有序发展和动态平衡。沼气为生产生活提供能源，沼渣、沼液可以作为作物的有机肥料，生产粮食、蔬菜和饲料，生产的粮食、蔬菜和饲料除了维持居民生活外，还可用来养殖畜禽。这样，就把种植业、养殖业和工副业联成一个整体，形成一个完整协调的农业生态循环系统。既提高资源的利用率，保护生态环境，又实现了农业废弃物资源化，促进有机物在生态系统中的再循环，避免了环境污染(熊康宁等，2011)。

王家寨片区农业经济发展与生态环境建设脱节，造成生态环境不断恶化，石漠化现象严重，因此需构建水土保持型生态农业模式。采用林草间作治山，保障农业生态安全的治理思路。示范区面积 221.26 hm²，核心研究区面积 13.72 hm²。其中，人工造林13.72 hm²，人工种草 13.72 hm²，建设棚圈 200 m²，饲草机械 2 台，青贮窖 50 m³，劳动转移培训 200 人次(表 6-8 和表 6-9)。

表 6-8　王家寨 2000~2013 年生态系统健康转移矩阵　　　　　(单位：hm²)

2000 年 ＼ 2013 年	病态	不健康	亚健康	健康	很健康	总计
病态	3.00952	0.982787				3.992307
不健康		45.9089	10.6456			56.5545
亚健康			88.3068	17.6004		105.9072
健康				47.7632	5.8222	53.5854
很健康					1.21443	1.21443
总计	3.00952	46.891687	98.9524	65.3636	7.03663	221.253837

表 6-9　王家寨 2000~2013 年生态系统健康动态变化统计表　　　　　(单位：hm²)

	封山育林	经果林	防护林	工程实施区	无工程区	总计
病态－病态	0.55	0	0	0.55	2.45	3.00
病态－不健康	0	0	0.03	0.01	0.89	0.89
不健康－不健康	0.18	0.04	0.41	0.64	45.26	45.90
不健康－亚健康	0.24	0.05	0.07	0.36	10.27	10.64
亚健康－亚健康	9.49	3.92	19.27	32.69	55.62	88.32
亚健康－健康	1.11	0.62	3.00	4.74	12.85	17.69
健康－健康	11.52	7.11	19.23	37.88	9.93	47.81
健康－很健康	1.15	0.75	2.67	4.58	1.24	5.82
很健康－很健康	0.27	0.10	0.53	0.91	0.29	1.21
总计	24.54	12.62	45.21	82.38	138.85	221.24

从表 6-8、表 6-9 中可以看出 2000~2013 年王家寨生态系统健康的变化趋势，其中，变化较为明显的是病态－不健康、不健康－亚健康、亚健康－健康、健康－很健康，都为正向增长。在石漠化治理工程实施后，生态系统不断得到改善，治理面积达81.47 hm²，治理度达 37%，证明了石漠化治理工程对改善喀斯特生态系统健康度有显著的作用。王家寨城郊型生态农业石漠化治理模式的实施，使植被覆盖率得到不断提高，当地居民生

活水平得到不断改善，石漠化趋势缓解，生态系统向健康正向发展，这些都促使整个喀斯特生态系统不断向正向演替。

2. 生态畜牧业治理模式与生态系统健康的相关性分析

针对喀斯特峰林峰丛地形破碎、山高坡陡，石漠化现象严重的问题，通过调整农业结构，在政府、高校、企业和农户的共同努力下，建立奶牛养殖基地，构建喀斯特地区生态畜牧业模式。针对过度放牧而导致的天然草地、荒草地和灌木林地等土地退化现象，采用林草间作、人工种草以及改放养为圈养等技术改善环境，增加农民收入。示范区面积 183.96 hm²，核心研究区面积 43.97 hm²。其中，人工造林 43.97 hm²，人工种草 43.97 hm²，建设棚圈 650 m²，饲草机械 4 台，青贮窖 80 m³（表 6-10 和表 6-11）。

表 6-10　羊昌洞 2000～2013 年生态系统健康转移矩阵　　　　（单位：hm²）

2000年＼2013年	病态	不健康	亚健康	健康	很健康	总计
病态	8.87891					8.87891
不健康		27.7712				27.7712
亚健康			74.781	37.694		112.475
健康				22.3647	8.20649	30.57119
很健康					4.26464	4.26464
总计	8.87891	27.7712	74.781	60.0587	12.47113	183.96094

表 6-11　羊昌洞 2000～2013 年生态系统健康动态变化统计表　　　　（单位：hm²）

	人工种草	封山育林	防护林	工程实施区	无工程区	总计
病态－病态	3.026	0.04	0.02	3.02	5.85	8.87
不健康－不健康	2.69	1.47	0.02	4.18	23.58	27.77
亚健康－亚健康	16.02	7.20	0.27	23.50	51.27	74.78
亚健康－健康	12.88	7.20	0.22	20.31	22.59	42.90
健康－健康	2.86	11.39	2.58	16.84	5.51	22.36
健康－很健康	1.87	2.67	0.64	5.19	3.01	8.21
很健康－很健康	16.02	7.20	0.27	23.50	0.06	23.51
总计	55.39	37.16	4.03	96.58	111.83	208.42

从表 6-10、表 6-11 中可以看出 2000～2013 年羊昌洞生态系统健康的变化趋势，其中，变化较为明显的是亚健康－健康、健康－很健康两种。在石漠化治理工程实施后，生态系统不断得到改善，治理面积达 96.58 hm²，治理度达 46%，证明石漠化治理工程对改善喀斯特生态系统健康度有显著的作用。羊昌洞生态畜牧业石漠化治理模式的实施，使植被覆盖率得到不断提高，当地居民生活水平得到不断改善，石漠化趋势缓解，生态系统向健康正向发展，这些都促使整个喀斯特生态系统不断趋向正向演替。

6.4　喀斯特石漠化生态系统健康预测

目前，生态系统健康预测的方法主要有灰色预测法、马尔科夫预测法、回归分析预测、人工神经网络等，这些方法在资源环境，人口预测中发挥着重要的作用。生态系统健康预测研究中由于历史统计数据少、数据波动性大等问题，不能满足部分预测方法的要求。因此，非常必要找到能解决上述问题又能精确预测的方法。

回归分析预测方法根据研究的数据结果发掘潜在的统计学规律，需要获取大量的数据，运用传统的数据运算容易导致结果失真。灰色系统预测模型则适用于数据量少，时间短，波动性小的系统，灰色预测模型的缺点在于无法精确预测随机性强、波动性较大的数据序列。而马尔科夫预测法则能有效地解决随机波动性较大的问题，喀斯特石漠化地区生态系统健康预测具有一定的随机性，马尔科夫预测模型可以得到科学可靠的预测结果。

6.4.1　建模方法

马尔科夫(Markov)预测法，是依据事件的现状来预测将来某个时刻变动状况的一种基本预测方法。喀斯特石漠化生态系统健康的发展趋势受很多因素的影响，根据目前的趋势预测模型，难以充分考虑到各个因素的影响，石漠化治理过程中生态系统健康的影响主要受两个因素的制约：①自然条件下生态系统健康的演替，在短期内很难出现突变的现象，因此，可以将喀斯特石漠化生态系统健康的发展认为是一个逐渐变化的过程；②人类活动的影响，包括石漠化综合治理和生态修复治理工程的实施，满足经济平稳发展，各项工程措施有序进行，人为主观因素不会发生突变和聚变的条件下，喀斯特石漠化生态系统健康符合构建马尔科夫模型的要求。

马尔科夫模型在喀斯特石漠化生态系统健康不同等级转化的应用，首先要确定生态系统健康转移概率。矩阵中的元素可以用不同健康等级的斑块面积的转移概率来表示，转移矩阵模型为：

$$\boldsymbol{E} = (e_{ij}) = \begin{vmatrix} e_{11} & e_{12} & \cdots & e_{1n} \\ e_{21} & e_{22} & \cdots & e_{2n} \\ \cdots & \cdots & \cdots & \cdots \\ e_{n1} & e_{n2} & \cdots & e_{mm} \end{vmatrix} \tag{6-2}$$

式中，e_{ij} 是从初始到末期第 i 种生态系统健康等级转化为第 j 种生态系统健康等级的概率；n 是研究区生态系统健康等级。

e_{ij} 满足以下特点：

$$0 \leqslant e_{ij} \leqslant 1 \quad (i,j = 1,2,\cdots,n) \tag{6-3}$$

$$\sum_{i=1}^{n} e_{ij} = 1 \quad (i,j = 1,2,\cdots,n) \tag{6-4}$$

通过马尔科夫过程的无后续影响特性和条件概率的定义，得到马尔科夫预测模型：

$$e_{ij}^{(n)} = \sum_{k=0}^{n-1} e_{ik} e_{kj}^{(n-1)} = \sum_{k=0}^{n-1} e_{ik}^{(n-1)} e_{kj} \tag{6-5}$$

对马尔科夫转移矩阵的分析,既可以定量说明石漠化生态系统健康各等级之间的相互转化状况,还可以揭示不同生态系统健康等级间的相互转化概率,研究不同生态系统健康等级相互转变的趋势,更好地了解喀斯特石漠化生态系统健康的空间演变过程。

6.4.2 马尔科夫转移概率矩阵

将生态系统健康等级变化作为一系列离散的状态,以年为单位,从一个等级到另一个等级的转化速率看作转化概率,将 2000 年人为干预下石漠化生态系统健康综合诊断图获得的各健康等级面积形成初始状态 A^0(表 6-10)。

表 6-10 初始状态矩阵 （单位:%）

生态系统健康类型	A^0
病态	0.2256
不健康	0.4042
亚健康	0.3327
健康	0.0375
很健康	0.0000

在 2000~2010 年生态系统健康转移矩阵的基础上,计算这一阶段各等级生态系统健康的平均转化率,从而得到转移概率矩阵(表 6-11),同一健康等级转移到其他健康等级的概率之和等于 1。根据已知的各种等级生态系统健康初始状态下所占比例,和 2000~2010 年间各生态系统健康等级之间相互转化的平均概率矩阵,从中我们看出,花江示范区受石漠化治理工程、政府政策和资金投入的影响,当地生态系统健康呈缓慢好转的趋势,不健康的区域逐渐转化为亚健康,甚至健康,我们可以预测 2020 年、2030 年、2040 年、2050 年各生态系统健康等级的转移概率矩阵。

表 6-11 石漠化生态系统健康等级之间的转移概率矩阵($n=0$)

	$K=1$				
	病态	不健康	亚健康	健康	很健康
病态	0.986	0.011	0.003	0.000	0.000
不健康	0.013	0.487	0.441	0.059	0.000
亚健康	0.001	0.482	0.514	0.003	0.000
健康	0.116	0.007	0.074	0.803	0.000
很健康	0.000	0.000	0.000	0.000	0.000

6.4.3 喀斯特石漠化生态系统健康变化的预测分析

以花江示范区为例,利用 2000~2010 年的生态系统健康的转移矩阵,通过运用初始状态矩阵,以 10 年为步长,运用马尔科夫模型和 MATLAB 软件预测出 2020 年、2030 年、2040 年、2050 年的生态系统健康的发展趋势(表 6-12)。

表 6-12　花江示范区生态系统健康等级未来发展趋势　　（单位：hm²）

生态系统健康类型	2010 年	2020 年	2030 年	2040 年	2050 年
病态	675.66	619.39	583.78	535.78	550.23
不健康	1795.22	1722.44	1621.27	1536.11	1372.99
亚健康	2265.96	2226.74	2285.07	2341.32	2409.98
健康	424.81	593.08	671.53	748.44	828.45
很健康	0	0	0	0	0

从花江示范区生态系统健康预测面积数据可以看出，经过生态修复和石漠化综合治理后生态系统有明显的改善，健康等级面积增加较多，亚健康等级的面积缓慢增长，不健康等级面积减少较多，到 2050 年，病态等级的降幅比不健康等级的降幅少 5.75%，很健康区域一直不存在，由于花江示范区本身生态环境脆弱，生态系统复杂，短期内生态系统难以恢复。

从预测数据（图 6-15）分析，病态等级的面积由 2010 年的 13.09% 降低到 2030 年的 11.31%，到 2050 年减少了 10.65%；不健康等级面积降幅比病态等积的大，降低了 8.18%；亚健康等级面积呈增长趋势，由 2010 年的 43.89% 增长到 2050 年的 46.69%；健康等级面积增长了 7.82%。以上这些数据说明石漠化综合治理在未来花江示范区的生态系统健康发展格局上有着重要的作用。总体来看，花江示范区生态系统健康转变和发展受石漠化治理工程、资金投入、政府政策等人为因素的影响，在未来 30 年间，病态和不健康等级逐渐降低，亚健康和健康等级稳步增长。

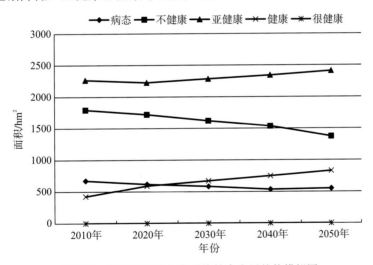

图 6-15　花江示范区生态系统健康发展趋势模拟图

第 7 章　喀斯特石漠化生态恢复优化与调控

为了更好地指导石漠化工程建设，提高工程配置的利用率，构建石漠化区综合治理工程配置优化度评价模型具有紧迫的现实意义。本书将物理-事理-人理（WSR）系统方法用于评价石漠化治理工程配置的优化度，构建石漠化区工程配置优化度指标体系，分析喀斯特石漠化地区的生态环境质量及生态系统服务功能的动态变化，为石漠化地区工程优化提供切实可行的建议。

7.1　石漠化治理工程配置优化度评价

为给决策者提供准确的科学依据，在石漠化地区进行工程配置优化度的研究，必须建立全面、统一的评价指标体系，尽可能地考虑各个因素。因此，指标体系的设计应具有全面性，石漠化地区进行工程配置优化度必须涉及自然、经济、社会等多个方面。只有深入分析石漠化治理的机制，才能构建全面反映喀斯特地区石漠化治理工程配置优化度的评价体系。

7.1.1　基于 WSR 法的石漠化区工程配置优化度评价指标体系

1. WSR 方法构建工程配置优化度指标的原则

从系统论角度，石漠化本身是在喀斯特特殊的地理背景下，不合理的人为活动影响下演变而成的，人为因素加剧了石漠化演变的速率。石漠化的治理本身也是一项自然-经济-社会系统工程，因此完全可以引用 WSR 系统分析方法论来评价石漠化治理工作。

WSR 方法是从物理、事理、人理三个方面对石漠化治理工程进行研究，既能看清石漠化治理模式系统包含的因素，也能结合人类的行为以及管理措施对治理的影响因素，以及这些因素最终带来的结果进行评估。只有全面考虑这三个方面，才能发现在石漠化治理过程中出现的不足，从而解决问题，达到满意的治理效果（图 7-1）。

物理：石漠化的本质，主要是指能清晰地反映喀斯特地区的生态系统基本特征、生态环境变化趋势的指标。喀斯特石漠化地区具有极端恶劣的生境条件，物理是从石漠化本质上考虑工程的合理性，不同的石漠化等级布置不同的工程，进

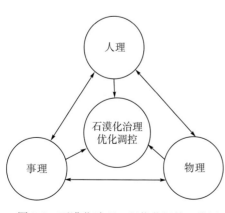

图 7-1　石漠化治理工程优化调控三维图

而对石漠化工程的合理性起到积极的作用。

事理：在石漠化治理过程中，工程投入之后所带来的变化，包括经济、生态、综合治理对石漠化工程的价值衡量，进而找出治理模式存在的漏洞。

人理：以人为主，用来评价人为因素在整个石漠化治理过程中对石漠化工程实施的有效性。主要是从人口密度、教育水平两方面评估人为因素对石漠化工程的影响，反映了社会稳定、社会进步与石漠化工程之间的关系。

应用 WSR 方法论，在分析石漠化治理模式的时候，需要回答石漠化"本质是什么"、石漠化治理需要"怎么治理"和"最好怎么治理"的问题。通过对石漠化目前的治理状况分析，"本质是什么"就是喀斯特石漠化的内涵和概念以及现状成因的机理；"怎么治理"就是喀斯特石漠化治理的切入点，说明应用什么途径和手段进行治理；"最好怎么治理"是经过对各种治理手段进行研究分析，找出不足之处，进行优化调控。

2. 指标因子的确定

喀斯特工程的治理直接影响着喀斯特生态环境，因此对喀斯特工程的评价涉及面广，影响因素多，主要涉及以下几个方面。

1) 物理

物理反映石漠化本质因素对工程的影响。脆弱的喀斯特背景主要包括地质地貌以及人类不合理的活动，如坡地开垦导致环境更加恶化，土壤侵蚀后土层变薄，气候的波动过大，都会造成植被的覆盖率下降。植被的覆盖率是反映生态环境好坏的重要标准。主要是从地质地貌、气候、植被、土壤 4 个方面来体现。

(1) 地质地貌：岩性、地貌类型、海拔高程、坡度是体现喀斯特生态系统的最根本因素。

(2) 气候：年降水量和年平均气温是气候标准的关键因素，也是反映水热条件的重要指标。

(3) 植被、土壤：植被盖度指植物群落总体或各个体的地上部分的垂直投影面积与样方面积之比的百分数，即植被覆盖度＝(植被垂直投影面积/土地总面积)×100%。土壤理化性质的变化对植被的发展起重要作用。

2) 事理

事理主要表现在石漠化的治理带给社会、生态多少价值，同时也能看出石漠化治理工程目前还有哪些问题。喀斯特山区的社会发展很落后，是国家重点帮扶的对象，石漠化的治理目标是提高人均收入，改善人民的生活水平，以及减少石漠化。其主要通过经济、生态、石漠化综合治理等三个方面来体现。

(1) 经济：主要包括人均收入和种植业收入，石漠化治理得到改善的同时，人们的收入也增长，改善了落后的生活状态。

(2) 生态：通过能源结构(烧柴比重)、轻度以上水土流失比重、土壤垦殖率等三个指标来诠释石漠化治理工程的生态效益。能源结构可以反映人类干扰度，即人类为达到某种目的采取不同方式对生态环境进行干扰，使其自然演化过程发生改变的程度；轻度以上水土流失比重可以反映石漠化治理的效果；土壤垦殖率是在区域内耕地面积占土地总面积的比例，反映出人类活动对生态环境的干扰性。

(3)石漠化综合治理：石漠化治理度是石漠化治理工程面积占总面积的比，可以反映出治理工程是否能达到治理整个示范区的最大效果，是否存在治理工程还缺少的问题，中-强度石漠化比重主要是针对治理后石漠化的改善情况。

3)人理

人理是指人类的文化、教育素质等在石漠化治理过程中所产生重要意义。人们在石漠化治理过程中起到很重要的作用，人口的过速增长以及教育素质偏低等因素在石漠化治理中带来滞后的效应。主要从人口密度、儿童入学率、高中以及高中以上人数、农民素质与参与情况4个指标评价。

(1)人口密度：反映了人口对资源和环境的压力，通常农业人口压力大的地区生态环境破坏较为严重。

(2)儿童入学率、高中以及高中以上人口、农民素质与参与情况：反映示范区农民素质及其石漠化治理的理解程度。

3. 石漠化区工程配置优化度评价指标体系

喀斯特石漠化治理工程优化配置的指标体系构建采用层次模型，共分为4级指标，1级指标为目标层；2级指标为准则层，由事理、物理、人理3个要素构成；3级指标为要素层，共9个要素，分别为地质地貌、气候、土壤、植被、经济、生态、石漠化综合治理、人口、受教育情况。4级指标为指标层，共19个指标(表7-1)。

表 7-1　喀斯特石漠化治理工程配置优化度评价指标体系

目标层 A	准则层 B	要素层 C	指标层 D	数据来源
工程配置优化度评价指标 A	物理 B_1	地质地貌 C_{11}	岩性 D_{111}	地质图
			地貌类型 D_{112}	DEM 数据
			海拔高程 D_{113}	DEM 数据
			坡度 D_{114}	DEM 数据
		气候 C_{12}	年平均降水量 D_{121}	监测数据
			年平均气温 D_{122}	监测数据
		土壤 C_{13}	土壤类型 D_{131}	土壤类型分布图
		植被 C_{14}	植被覆盖度 D_{141}	RS+GIS+监测数据
	事理 B_2	经济 C_{21}	人均收入 D_{211}	走访调查数据
			种植业收入比重 D_{212}	走访调查数据
		生态 C_{22}	能源结构(烧柴比重)D_{221}	调查数据
			轻度以上水土流失比重 D_{222}	RS+GIS+监测数据
			土壤垦殖率 D_{223}	RS+GIS+监测数据

续表

目标层 A	准则层 B	要素层 C	指标层 D	数据来源
工程配置优化 度评价指标 A	事理 B_2	石漠化综合治理 C_{23}	石漠化治理度 D_{231}	调查数据
			中强度石漠化比重 D_{232}	RS+GIS+监测数据
	人理 B_3	人口 C_{31}	人口密度 D_{311}	走访调查数据
		受教育情况 C_{32}	儿童入学率 D_{321}	走访调查数据
			高中以及高中以上人数 D_{322}	走访调查数据
			农民素质与参与度 D_{323}	走访调查数据

7.1.2　石漠化治理工程配置优化度评价模型

采用层次分析法－熵权法构建模型（图 7-2），主观与客观相结合，使得模型更加可靠，研究结果精确且符合实际情况。

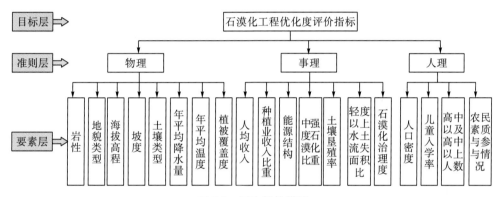

图 7-2　层次结构模型

1. 指标权重的确定

典型石漠化综合治理工程优化度评价权重见表 7-2。

表 7-2　典型石漠化综合治理工程优化度评价权重

目标层 A	准则层 B	要素层 C	指标层 D	权重
工程配置优化 度评价指标 A	物理 B_1	地质、地貌 C_{11}	岩性 D_{111}	0.0166
			地貌类型 D_{112}	0.0125
			海拔高程 D_{113}	0.0171
			坡度 D_{114}	0.0147
		气候 C_{12}	年平均降水量 D_{121}	0.0434
			年平均气温 D_{122}	0.0140
		土壤 C_{13}	土壤类型 D_{131}	0.0093
		植被 C_{14}	植被覆盖度 D_{141}	0.0362
	事理 B_2	经济 C_{21}	人均收入 D_{211}	0.1063
			种植业收入比重 D_{212}	0.0851

续表

目标层 A	准则层 B	要素层 C	指标层 D	权重
工程配置优化度评价指标 A	事理 B$_2$	经济 C$_{21}$	能源结构(烧柴比重)D$_{221}$	0.0543
		生态 C$_{22}$	轻度以上水土流失比重 D$_{222}$	0.0377
			土壤垦殖率 D$_{223}$	0.0522
		石漠化综合治理 C$_{23}$	石漠化治理度 D$_{231}$	0.1220
			中强度石漠化比重 D$_{232}$	0.0813
	人理 B$_3$	人口 C$_{31}$	人口密度 D$_{311}$	0.0892
		受教育情况 C$_{32}$	儿童入学率 D$_{321}$	0.0676
			高中以及高中以上人数 D$_{322}$	0.0595
			农民素质与参与度 D$_{323}$	0.0811

2. 评价指标量化处理

1)指标赋值

以清镇红枫湖示范区和花江示范区自然状况、生态环境和人类活动状况为研究背景，对评价体系中所选择的指标因子进行对比分析。根据工程配置影响示范区生态、经济等方面的程度差异，结合专家建议，分别对各因子的不同状况进行分级量化，并赋予一定等级指数，使整个指标体系的量化值无量纲化。将某一量化指标通过数学方法转换到 $0<x<10$ 指标分级对应数域内(表 7-3)。

表 7-3　喀斯特地区工程优化配置评价指标赋值表

分级赋值 ＼ 指标	很好(≥8.5)	好(7.0~8.5)	良好(5.0~7.0)	一般(3.5~5.0)	差(≤3.5)
	1	9	7	5	3
岩性	—	非碳酸盐岩	混合岩层	碳酸盐岩	—
地貌类型	侵蚀台地	箱型峡谷	峰丛洼地	溶蚀、侵蚀陡坡	丘峰台地、岩溶化岗丘宽谷、侵蚀性中山沟谷、岩溶化岗丘谷地
海拔高程/m	<600	600~1000	1000~1200	1200~1400	>1400
坡度/(°)	<8	8~15	15~25	25~35	>35
土壤类型	中层黄色石灰土、黄泥田、鸭屎田	薄层黑色石灰土薄层棕色石灰土、大泥土	薄层黄色石灰土、黄泥土、青黄泥田、大眼泥田	硅铝质薄层红壤、黏土质黄壤、钙铝质黄壤、铁铝质黄壤	黄色石旮旯土、黑岩土、大土泥田
年平均气温/℃	<17	17~18	18~19	19~20	>20
年平均降水量/mm	1300~1400	1200~1300	1100~1200	1000~1100	<1000
人口密度/(人/km²)	<100	100~150	150~200	200~250	>250
人均收入/元	>5000	3500~4500	2500~3500	1500~2500	<1500
高中及高中以上人数/人	>200	200~150	150~100	100~80	<80

续表

指标 分级赋值	很好(≥8.5) 1	好(7.0~8.5) 9	良好(5.0~7.0) 7	一般(3.5~5.0) 5	差(≤3.5) 3
土地垦殖率/%	<25	25~35	35~50	50—65	>65
石漠化治理度/%	>40	25~40	10~25	<10	—
植被覆盖度/%	>75	60~75	45~60	30~45	<30
种植业比重/%	≤15	(15, 25]	(25, 35]	(35, 45]	>45
轻度以上水土流失比重/%	≤15	(15, 25]	(25, 35]	(35, 45]	>45
儿童入学率/%	≥95	[90, 95)	[85, 90)	[80, 85)	<80
农民素质与参与程度	高	较高	中等	低	极低
能源结构(烧柴比重)	完全不用	极少用	一般	主要用	全部用

2)指标标准化

数据的标准化(normalization)是将数据按比例缩放，使其在一个特定区间内。在评价有单位的指标时，除去数据的单位，将其转化为无量纲的纯数值，便于不同单位和不同级别指标的比较和加权。其中最常用的就是方法是归一化处理，即将数据统一映射到[0，1]区间上。

目前有很多标准化方法，如综合指数法、均值化、Z-Score 法、比重法、初值化、功效系数法、指数型功效系数法、对数型功效系数法、极差变换法、高中差变换法、低中差变换法等，但大致可以归为四类：广义指数法、广义线性功效系数法、非线性函数法、分段函数法。其中前两种是实践中应用最广泛的无量纲化方法(苏为华，1998)。

针对不同的量纲指标的处理，把不可直接计算的数据转化为统一的数值，在相同的取值范围内，实现评价指标的无量纲化，使指标之间可相互进行比较。在评价石漠化综合治理工程配置优化度指标中，有些指标是与工程配置优化呈正相关的，即该指标数值越大，石漠化工程优化度越高，而有些指标是与之负相关的。由于各指标与石漠化工程优化度的相关性存在正负两种方向，所以在进行指标标准化的时候，提出两种数据标准化处理的方法。

正相关

$$c_{ij} = \frac{(x_{ij} - x_{ijk_{min}})}{(x_{ijk_{max}} - x_{ijk_{min}})} \tag{7-1}$$

负相关

$$c_{ij} = 1 - \frac{(x_{ij} - x_{ijk_{min}})}{(x_{ijk_{max}} - x_{ijk_{min}})} \tag{7-2}$$

式中，c_{ij} 表示第 i 个评价单元的第 j 个指标的标准化值；x_{ij} 表示第 i 个评价单元的第 j 个指标的原值；$x_{ijk_{min}}$ 和 $x_{ijk_{max}}$ 分别表示所有评价单元中第 j 个指标的最小值和最大值。

极差标准化之后，c_{ij} 的取值范围将在 0~1，c_{ij} 值越小，表明该指标表示的石漠化工程优化度越小，石漠化等级加剧的可能性越高；相反，c_{ij} 越接近 1，表示石漠化工程优化度越高。

3. 石漠化区综合治理工程配置优化度评价模型

喀斯特地区工程评价根据环境的复杂性，借鉴现阶段评价方法，考虑到指标的关系，在模型选择上，总系统选用了综合公式，子系统则选择了加权求和。分别建立三个准则层子系统，子系统的评价公式如下

$$B_i = \sum_{j}^{n} D_{ij} W_j \tag{7-3}$$

式中，B_i 为子系统的评价分值；D_{ij} 为子系统因子的标准化值；W_j 为权重值。

整个石漠化区综合治理工程配置优化度评价模型采用石漠化工程配置优化评价指数（optimization and evaluation index）来衡量，采用多级加权求和的方法来计算，其公式如下

$$OEI = \sum_{i=1}^{n} u_i W_j = \sum_{i=1}^{n} m \tag{7-4}$$

4. 石漠化综合治理工程配置优化度评价等级

从物理、事理、人理三方面，通过 GPS 实地踏勘和咨询相关专家，将分析数据与其实地生态状况相比较，最终制定判别标准。该评价标准的制定是为了更好地阐明喀斯特石漠化地区生态系统健康的状况，参照其他专家定义的综合指数的分级方法，其定义共有五个等级标准，表 7-4 对其进行了评价描述。

表 7-4　石漠化工程配置优化指数评价等级

分级	得分	评价描述
Ⅰ	<0.35	工程配置优化度低
Ⅱ	0.35~0.5	工程配置优化度较低
Ⅲ	0.5~0.7	工程配置优化度适中
Ⅳ	0.7~0.8	工程配置优化度较高
Ⅴ	>0.8	工程配置优化度高

7.1.3　喀斯特高原峡谷区石漠化治理工程配置优化度评价

选择分辨率为 5 m×5 m 的网格，应用 ArcGIS 软件中的空间分析、配合、裁剪等模块，实现石漠化综合治理工程配置优化度的评价，然后应用图层叠加、栅格计算器模块获得石漠化工程配置优化度评价结果及空间格局图（图 7-3）。计算花江示范区综合评价值，2005 年花江示范区石漠化治理初期优化度为 0.5022，2013 年优化度为 0.7713。根据定性数据显示，花江示范区石漠化综合治理工程配置处于不断优化的过程，优化率达到 65%。

对 2005 年花江示范区石漠化综合治理工程投入初期到 2013 年石漠化综合治理工程投入中期评价结果进行统计，并结合表 7-5 中石漠化工程配置优化度评价动态变化情况，可看出 2005~2013 年期间，等级Ⅰ变化较为突出，8 年间面积减少了 1138.95 hm²，面积比例降低了 21.98%，其他等级都是增长的趋势，石漠化治理工程配置处于不断优化

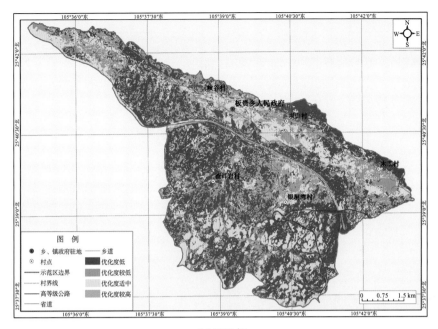

（a）2005 年

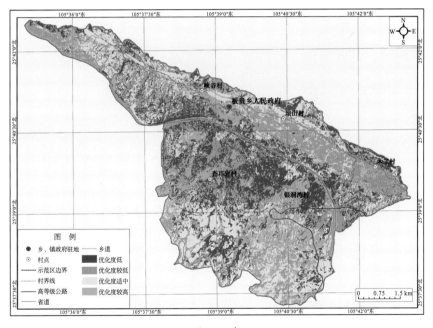

（b）2013 年

图 7-3　花江示范区石漠化综合治理工程配置优化度综合图

的过程。等级Ⅱ、等级Ⅲ处于平稳增长的趋势，等级Ⅱ在 2005 年面积是 1337.44 hm²，2013 年面积增长到 1821.14 hm²；等级Ⅲ 2005 年面积为 1325 hm²，到 2013 年面积为 1876.41 hm²；等级Ⅱ、等级Ⅲ分别增长了 9.38 和 1.05 个百分点。等级Ⅳ变化较为突出，面积从 2005 年的 160.74 hm² 增长到 2013 年的 764.58 hm²，说明治理工程投入后整个示范区治理效果很明显。

表7-5　2005～2013年花江示范区石漠化综合治理工程配置优化度评价动态变化

等级	工程配置优化度评价	2005年		2013年		变化差值/hm²	变化比例/%
		面积/hm²	比例/%	面积/hm²	比例/%		
Ⅰ	优化度低	2337.49	45.2	1198.54	23.22	-1138.95	-21.98
Ⅱ	优化度较低	1337.44	25.9	1821.14	35.28	483.7	9.38
Ⅲ	优化度适中	1325.00	25.6	1376.41	26.65	51.41	1.05
Ⅳ	优化度较高	160.74	3.11	764.58	14.83	603.84	11.72

在2005～2013年花江示范区石漠化综合治理工程配置的优化度综合评价结果中，将各个等级的面积和总面积的对比数据进行统计（图7-4），进一步对比分析花江示范区2005～2013年石漠化治理工程配置优化等级面积比重的变化。

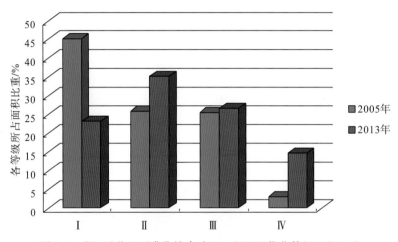

图7-4　花江示范区石漠化综合治理工程配置优化等级面积比重

如图7-4所示，横轴表示石漠化综合治理工程配置优化综合评价等级，纵轴表示各个评价等级所占面积比重。总体上看，2005年等级Ⅰ所占的比例较大，2013年等级Ⅱ和等级Ⅲ所占比例较大。等级Ⅰ在2005年所占比例最大达到45.2%，2013年则降到最低为23.22%，说明石漠化工程投入后治理效果突出。虽然等级Ⅲ在2013年所占的比例最大，达到26.65%，2005年达到25.6%；等级Ⅱ在2013年所占面积比例为35.28%，2005年则为25.9%，但是等级Ⅱ和等级Ⅲ在2005年所占比例基本一样，2013年等级Ⅱ高于等级Ⅲ。说明示范区整体处于优化度适中等级，石漠化综合治理工程配置还有待优化。等级Ⅳ是增长变化最大的，从2005年的3.11%到2013年的14.83%。

1. 不同人为干预措施的优化度动态变化

为了进一步揭示不同喀斯特地貌背景下石漠化综合治理区2005～2013年综合治理工程配置优化度动态变化特征，了解不同优化等级的转移情况，将2005年与2013年两期的石漠化综合治理工程配置优化评价图进行空间叠加分析与赋值，得到喀斯特石漠化综合治理工程配置优化度动态变化图。其赋值标准为：①工程配置优化度评价等级未发生变化的区域赋为"优化度保持区"；②工程配置优化度评价等级降低区域赋为"优化度降低区"；③工程配置优化度评价等级上升区域赋为"优化度提高区"。

花江示范区按同样的方法得到 2005～2013 年石漠化综合治理工程配置优化度的动态变化特征，可了解不同优化等级的转移情况（图 7-5 和表 7-6）。

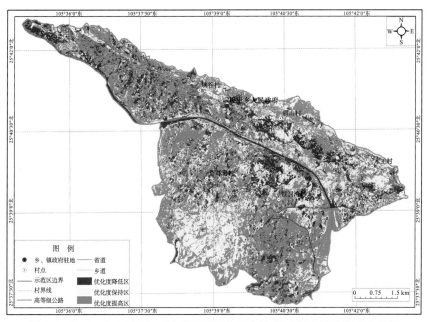

图 7-5　2005～2013 年花江示范区石漠化综合治理工程配置优化度动态图

表 7-6　2005～2013 年花江示范区石漠化综合治理工程配置优化度变化统计表

等级	优化度提高区	优化度保持区	优化度降低区
面积/hm²	3022.88	1485.86	1008.00
百分比/%	50.1	32.3	17.5

从 2005～2013 年花江示范区石漠化综合治理工程配置优化度动态图及变化统计表可以看出，花江示范区石漠化综合治理工程配置的优化度在这 8 年内增长的面积占重要地位，是比较稳定的增长趋势。花江示范区石漠化工程配置优化度增长的面积是 3022.88 hm²，所占比例达到 58.57%。示范区中优化度保持不变的面积是 1485.86 hm²，比例为 21.90%。花江示范区在投入工程后，工程治理的效果有较为明显的改变。但是在有所改善的同时，也有一些区域出现下降的趋势，主要是受到采石场的扩张、坡耕地的开发、人口的增加等因素的影响，使得占总面积 19.53% 的区域工程的优化度出现下降的趋势。

2. 不同人为干预措施的优化分析

根据示范区石漠化综合治理工程图提取石漠化综合治理的面状工程，将其与示范区喀斯特石漠化地区工程优化度空间动态变化图结合进行空间叠加分析，花江示范区按同样的方法得出 2005～2013 年石漠化综合治理工程配置优化度的动态变化特征，可了解不同优化等级的转移情况。

花江示范区内，坡耕地综合治理模式工程配置有坡改梯－封山育林－人工种草，特色经济林果产业发展模式主要有经果林－坡改梯－退耕还林(表7-7)。在花江石漠化区综合治理工程配置优化度变化与不同人为干预措施的分析中，经过对比发现，特色经济林果产业发展模式优化度增长比例高于坡耕地综合治理模式，说明在投入石漠化治理工程之后，特色经济林果产业发展模式治理效果更突出(图7-6)。

表7-7　不同人为干预措施下花江示范区工程配置优化度动态变化统计表

2005～2013 年	不同工程配置优化度动态变化			
	面积/hm²	优化度增长比例/%	优化度保持比例/%	优化度下降比例/%
坡耕地综合治理模式 （坡改梯－封山育林－人工种草）	824.32	42.62	31.86	25.35
特色经济林果产业发展模式 （经果林－坡改梯－退耕还林）	517.57	46.59	36.97	16.41

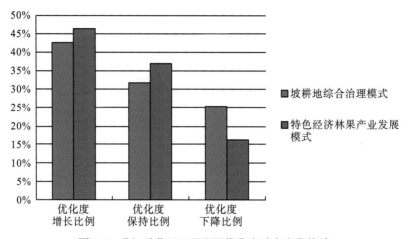

图 7-6　花江示范区工程配置优化度动态变化统计

特色经济林果产业发展模式的增长比例为 46.59%，比坡耕地综合治理模式的优化度增长比例高 3.97%，而且此模式的优化度增长比例远远高于优化度保持比例和下降比例，坡耕地综合治理模式优化度下降比例为 25.35%，优化度保持比例为 31.86%，优化度下降比例高于特色经济林果产业发展模式，说明坡耕地综合治理模式有待优化。

从时间序列上分析，通过对 2005～2013 年花江示范区不同人为干预措施下工程优化度变化的分析，工程实施状况较理想，但由于示范区内各项工程配置区域、位置和规模较复杂，工程具体优化增长情况也存在明显差异。工程实施之前，示范区内种草面积规模较小，也较零星，都是在自己的庭园种植。随着石漠化治理工程、封山育林措施的实施，人工种草、封山育林的面积不断地扩大，但是调查发现，示范区内封山育林主要是靠自然封山育林为主，封山育林区域无人管理，没有从根本上起到石漠化治理的效果。示范区属于峡谷地貌，坡度较大，因此将坡改梯与经果林相结合，建立了火龙果示范基地，很大程度上增加了当地农户的经济收入。

7.1.4　喀斯特高原盆地区石漠化治理工程配置优化度评价

清镇红枫湖示范区在 2005 年石漠化治理初期优化度为 0.5278，2013 年优化度为 0.8655，石漠化综合治理工程配置处于不断优化的过程，优化率达到 60%。

对 2005 年清镇红枫湖示范区石漠化综合治理工程投入初期到 2013 年石漠化工程投入中期的评价结果进行统计，结合石漠化工程配置优化度评价综合图（图 7-7）可以看出，2005~2013 年期间，等级Ⅰ、等级Ⅱ、等级Ⅲ的区域变化最为明显，等级Ⅰ、等级Ⅱ、等级Ⅲ的面积呈减少的趋势，说明石漠化治理工程使示范区石漠化得到不断优化。等级Ⅰ的面积 2005 年为 1213.50 hm²，2013 年下降到 928.46 hm²；等级Ⅱ的面积从 2005 年的 1886.36 hm² 下降到 2013 年的 1650.39 hm²；等级Ⅲ的面积则是从 2005 年的 2051.72 hm² 下降到 2013 年的 1490.99 hm²。等级Ⅰ、等级Ⅱ、等级Ⅲ分别降低了 4.77、3.95、9.39 个百分点。等级Ⅳ、等级Ⅴ的面积呈增长的趋势，分别增长了 547.96 hm²、533.10 hm²。说明示范区从投入工程初期到工程治理中期优化度不断提高，呈正向变化的趋势。

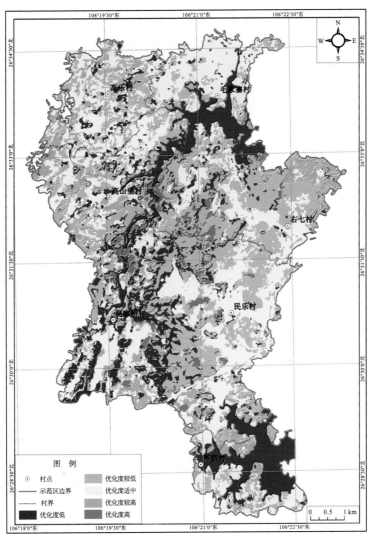

(a) 2005 年

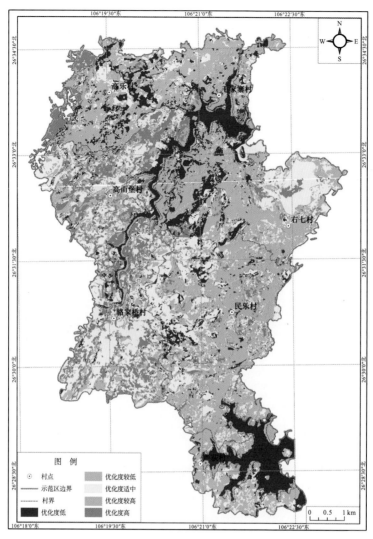

(b)2013 年

图 7-7　清镇红枫湖示范区石漠化综合治理工程配置优化度综合评价图

通过对 2005～2013 年红枫湖示范区石漠化综合治理工程配置的优化度综合评价结果中各个等级的面积和总面积的对比数据进行统计，可进一步对比分析红枫湖示范区 2005～2013 年石漠化治理工程配置优化度的动态变化(表 7-8)。

如图 7-8 所示，横轴表示石漠化综合治理工程配置优化综合评价等级，纵轴表示各个评价等级所占面积比重。总体上看，等级Ⅱ和等级Ⅲ的区域所占比例较大，等级Ⅲ在 2005 年的区域所占比例达到最高是 34.40%，2013 年等级Ⅲ则有所下降，其区域所占比例为 25.00%。等级Ⅱ的面积仅次于等级Ⅲ的面积，2013 年等级Ⅱ所占的比例达到最高，是 27.67%，说明 2013 年示范区石漠化综合治理工程的优化度还有提高的空间，2005 年等级Ⅱ的区域所占比例为 31.63%，总体上等级Ⅱ、等级Ⅲ随着时间的变化区域面积所占比例呈现下降的趋势。这表明清镇红枫湖示范区石漠化治理度在研究时间跨度内虽然有缓慢的改善趋势，但还是以较低和适中评价等级为主。等级Ⅰ的区域所占比例从 2005

年的 20.34％下降到 2013 年的 15.57％，说明随着工程的投入，示范区呈现不断优化的趋势，工程起到一定的效果。等级Ⅳ与等级Ⅴ的区域在图上呈缓慢的上升趋势，等级Ⅳ由 2005 年的 10.46％上升到 2013 年的 19.65％，等级Ⅴ由 2005 年的 3.14％上升到 2013 年的 12.08％，同样也反映出清镇红枫湖示范区石漠化治理取得了一定的效果。

表 7-8　2005～2013 年清镇红枫湖示范区石漠化综合治理工程配置优化度动态变化

等级	工程配置优化度评价	2005 年		2013 年		变化差值/hm²	变化比例/%
		面积/hm²	比例/%	面积/hm²	比例/%		
Ⅰ	优化度低	1213.50	20.34	928.46	15.57	−285.03	−4.77
Ⅱ	优化度较低	1886.36	31.63	1650.39	27.67	−235.96	−3.95
Ⅲ	优化度适中	2051.72	34.40	1490.99	25.00	−560.72	−9.39
Ⅳ	优化度较高	624.25	10.46	1172.22	19.65	547.96	9.19
Ⅴ	优化度高	187.61	3.14	720.71	12.08	533.10	8.94

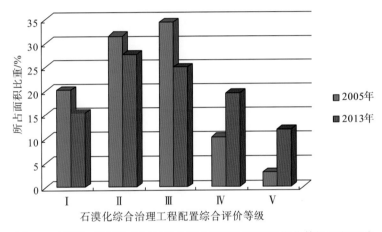

图 7-8　清镇红枫湖示范区石漠化综合治理工程配置优化等级面积比重

1. 石漠化治理工程配置优化度动态变化

将清镇红枫湖示范区 2005～2013 年石漠化综合治理工程配置优化度进行叠加，分析其动态变化特征，了解不同优化等级的转移情况(图 7-9)。

从清镇红枫湖示范区石漠化综合治理工程配置优化度变化统计图、清镇红枫湖示范区石漠化综合治理工程配置优化度动态变化图和面积变化统计表分析，总体上示范区石漠化综合治理工程配置的优化度在这 8 年内比较稳定并呈提高的趋势。红枫湖示范区的石漠化工程配置优化度增长的面积是 2666.15 hm²，增长的面积占整个示范区的 44.68％；有 1485.86 hm² 的面积的优化度是没有发生变化的，占示范区总面积的 24.90％；有 1815.39 hm² 的区域优化度是降低的，主要是受到不合理的人类活动的影响(表 7-9)。

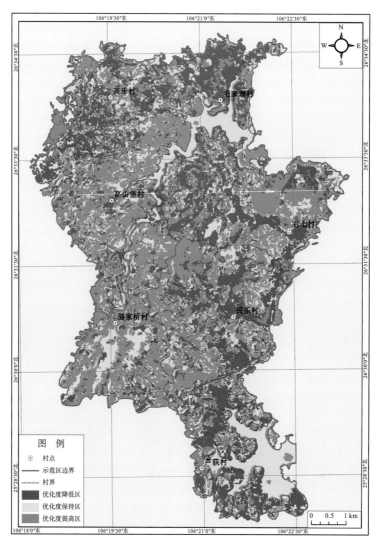

图 7-9　2005~2013 年清镇红枫湖示范区石漠化综合治理工程配置优化度动态图

表 7-9　2005~2013 年清镇红枫湖示范区石漠化综合治理工程配置优化度变化统计表

等级	优化度提高区	优化度保持区	优化度降低区
面积/hm²	2666.15	1485.86	1815.39
百分比/%	44.68	24.90	30.42

2. 不同人为干预措施的优化分析

从清镇红枫湖示范区石漠化综合治理工程图上提取石漠化综合治理的面状工程，得到示范区人为干预措施分布图，将其与轻-中度清镇红枫湖示范区工程优化度空间动态变化图进行空间叠加分析，计算出每种工程优化度的变化。

在清镇红枫湖石漠化区综合治理工程配置优化度变化与不同人为干预措施的分析中，经过对比发现，生态畜牧业治理模式优化度增长比例高于生态农业治理模式，说明在投入石漠化治理工程之后，生态畜牧业治理效果更明显；生态农业治理模式的优化度保持比例大于生态畜牧业治理模式；两者的优化度下降比例几乎一致(图 7-10)。

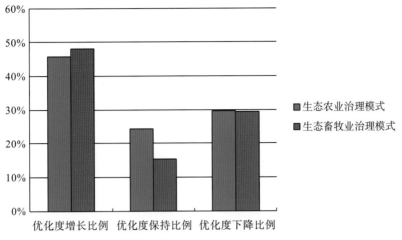

图 7-10　清镇红枫湖石漠化区不同人为干扰措施的动态变化统计

　　表 7-10 为不同人为干预措施下清镇红枫湖示范区工程配置优化度动态变化情况。由表 7-10 可知，生态畜牧业治理模式的增长比例为 48.13%，生态农业治理模式的优化度增长比例为 46.84%，高于保持比例和下降比例；生态农业治理模式优化度下降比例为 29.69%，优化度保持比例为 24.45%，优化度下降比例高保持比例 5.24 个百分点；生态畜牧业模式主要是增长为主，占比例 48.13%，下降比例为 29.59%，说明生态农业模式和生态畜牧业模式有待优化。

表 7-10　不同人为干预措施下清镇红枫湖示范区工程配置优化度动态变化统计表

2005~2013 年	不同人为干预措施下工程优化度动态变化对比			
	面积/hm²	优化度增长比例/%	优化度保持比例/%	优化度下降比例/%
生态农业治理模式 (退耕还林－封山育林、坡改梯－经果林)	6270.21	46.84	24.45	29.69
生态畜牧业治理模式(人工种草－畜牧业)	55.15	48.13	15.42	29.59

　　清镇红枫湖示范区内生态农业治理模式主要的工程配置有退耕还林－封山育林、坡改梯－经果林；生态畜牧业治理模式主要工程配置有人工种草－畜牧业。在清镇红枫湖石漠化区综合治理工程配置优化度变化与不同人为干预措施的分析中，经过调查发现，自实施退耕还林工程开始，国家给每位农户发放一定的补助并且颁布相应的防护措施，将退耕还林和封山育林工程全面保护起来。示范区将坡改梯和经果林工程结合，种植了大面积的葡萄、李子、苗圃，因为红枫湖是城市边缘地带，距离清镇市、贵阳市比较近，种植经果林一方面可运输到城市，另外一方面也可发展为农家乐旅游的景点，提高经济收入，但是由于坡改梯和经果林发展起步较晚，所以成效欠佳。红枫湖同时建立了草场、发展奶牛饲养，提高农户的收入，并且种草对石漠化的治理起到一定作用，但经调查发现，养殖业出现了不景气的情况。

7.2 喀斯特石漠化生态恢复生态经济效益评价

生态环境质量评价是生态评价的一种,它考虑了系统属性信息和生态环境本身结构的特点,在理解和掌握变异规律的基础上,选取评价单元、指标体系、评价方法、模型,对某一区域的生态环境优劣、社会发展适宜程度等进行评估和预测,通过综合评价生态环境的质量这一手段,来分析特定区域内的时空差异,揭示生态环境变迁的根源、寻求改善生态环境的途径,为环境保护、规划、社会经济发展提供科学依据和决策支持(陈全,2014)。

7.2.1 典型喀斯特石漠化地区生态环境质量综合评价

综合现有的生态环境评价研究,构建喀斯特石漠化山区特殊地质环境背景下的生态环境质量评价指标体系,选择典型喀斯特石漠化综合防治示范区,借助遥感、地理信息系统等空间信息技术手段,综合卫星遥感和地面核查/调查数据,提取专题信息,建立喀斯特生态环境质量评价数据库,确立合适的评价单元,建立评价模型,进行石漠化综合防治区生态环境质量综合评价和动态研究,从而揭示研究区内部喀斯特生态环境质量空间动态变化过程,探讨喀斯特生态环境质量变化对不同人为干预措施的响应,为喀斯特山区生态环境恢复与建设提供决策依据,加快喀斯特石漠化地区生态环境的修复和改善,实现喀斯特山区资源开发与生态环境保护的协调发展。

1. 喀斯特生态环境质量综合评价指标体系建立

指标层由各个可以度量的指标构成,是喀斯特生态环境质量评价指标体系中最基本的层面,也是度量生态环境质量的最有效、最直接、最基本元素。在本书所拟定的喀斯特石漠化区生态环境质量综合评价指标体系中,共选取坡度、坡向、海拔高程、地貌类型、年均温度、年均降水量、岩性、土壤类型、土地利用、景观多样性指数、林草覆盖指数、人口压力指数、人均 GDP、垦殖系数、区域开发指数、石漠化程度、水土流失程度等 17 项评价指标来构建喀斯特石漠化生态环境质量评价体系(表 7-11)。

表 7-11 喀斯特生态环境质量状况评价体系及数据来源

目标层 A	准则层 B	指标层 C	数据来源	作用方向
生态环境质量状况综合指数 A	地形地貌 B_1	坡度 C_{11}	DEM 数据	−
		坡向 C_{12}	DEM 数据	−
		海拔高程 C_{13}	DEM 数据	−
		地貌类型 C_{14}	DEM 数据	+
	水热状况 B_2	年均温度 C_{21}	监测数据	−
		年均降水量 C_{22}	监测数据	+
	地表覆盖 B_3	岩性 C_{31}	地质图	−
		土壤类型 C_{32}	RS+GIS+基础地理数据	−

目标层 A	准则层 B	指标层 C	数据来源	作用方向
生态环境质量状况综合指数 A	地表覆盖 B₃	土地利用 C₃₃	RS+GIS+DEM 数据	+
		景观多样性指数 C₃₄	RS+GIS+基础地理数据	+
		林草覆盖指数 C₃₅	RS+GIS+基础地理数据	+
	人文社会 B₄	人口压力指数 C₄₁	调查数据	−
		人均 GDP C₄₂	调查数据	−
		垦殖系数 C₄₃	RS+GIS+基础地理数据	−
		区域开发指数 C₄₄	RS+GIS+基础地理数据	−
	土地退化 B₅	石漠化程度 C₅₁	RS+GIS+监测数据	−
		水土流失程度 C₅₂	RS+GIS+监测数据	−

2. 喀斯特石漠化地区生态环境质量综合评价模型

喀斯特石漠化地区特殊背景环境下的生态环境质量综合评价是在指标值规范化和指标权重确定的基础上进行的,首先利用层次分析法,建立地形地貌 B₁、水热状况 B₂、地表覆盖 B₃、人文社会 B₄、土地退化 B₅ 这 5 个准则层,并确定准则层的综合权重;然后,利用主成分分析法分别确定准则层下面每个指标层的权重,计算得到 5 个准则层指数;最后,根据喀斯特生态环境质量综合评价模型,计算喀斯特生态环境质量综合指数,完成研究区的喀斯特生态环境质量综合评价。其计算公式如下:

(1)喀斯特生态环境质量准则层指数计算公式为

$$E_{b_i} = \sum_{j=1}^{m} C_{b_ij} W_j \qquad (7-5)$$

式中,E_{b_i} 为生态环境质量为各个准则层指数;C_{b_ij} 为生态环境质量各个指标层经主成分分析提取的主因子;W_j 为其对应权重;m 为提取的主因子数。

(2)喀斯特生态环境质量综合指数计算公式为

$$E_A = \sum_{j=1}^{m} C_{Aj} W_j \qquad (7-6)$$

式中,E_A 为生态环境人为干扰指数;C_{Aj} 为 5 项准则层指数,即生态环境背景指数、生态环境地表覆盖指数、生态环境人为干扰指数;W_j 为根据层次分析法得到的对应权重;m 为提取的主因子数,这里为 5。

3. 评价标准确定

由于喀斯特石漠化地区生态环境综合评价在理论上尚处于探索阶段,因此在实际的综合评价分析中,本书以喀斯特地区生态环境已有研究成果为基础,以花江示范区自然状况、生态环境和人类活动状况为研究背景,参考国家已发布的环境质量标准、重要生态环境功能区及其规划的保护要求等,研究区域生态环境的背景值,分层对比分析评价指标,最终确定喀斯特石漠化地区生态环境质量分级标准,对研究区不同生态环境状况进行分级量化,并赋予一定等级指数,进行喀斯特石漠化地区生态环境质量综合评价(表 7-12)。

表 7-12　关岭－贞丰花江示范区喀斯特生态环境质量综合评价等级划分标准

评价等级	V	IV	III	II	I
评价指标标准化值	$E_A \geqslant 70$	$55 \leqslant E_A < 70$	$35 \leqslant E_A < 55$	$20 \leqslant E_A < 35$	$E_A < 20$
生态环境质量等级	优	良	一般	较差	差
生态环境质量状态	植被覆盖度高，生态系统结构稳定，功能完善，最适合人类生存	植被覆盖度较高，生物多样性较丰富，基本适合人类生存	植被覆盖度中等，生物多样性一般，较适合人类生存，有不适合人类生存的制约性因子出现	植被覆盖度较低，物种较少，存在着明显限制人类生存的因素	植被覆盖度很低，生态环境条件恶劣，人类生存条件恶劣

4. 喀斯特石漠化地区生态环境质量综合评价图

在喀斯特石漠化地区生态环境质量综合评价中，选择相应分辨率(10 m×10 m)格网作为基本评价分析单元，以示范区为综合评价分析单元。利用层次分析法，建立了地形地貌 B_1、水热状况 B_2、地表覆盖 B_3、人文社会 B_4、土地退化 B_5 这 5 个准则层，并确定准则层的综合权重；然后利用主成分分析法分别确定准则层下面每个指标层的权重，计算得到 5 个准则层指数；最后基于生态环境综合评价模型，计算生态环境综合指数，并依据生态环境质量评价等级划分标准，利用 ArcGIS 的空间分析与制图功能，编制喀斯特石漠化生态环境质量综合评价图，结果如图 7-11～图 7-14 所示。在图中，用红色到绿色的渐变色带表示生态环境质量评价结果由低到高的斑块，通过生态环境质量综合评价等级图可以直观地看出，图中代表生态环境转好的绿色区域逐渐增多，表明 2000～2013 年生态环境逐渐好转。

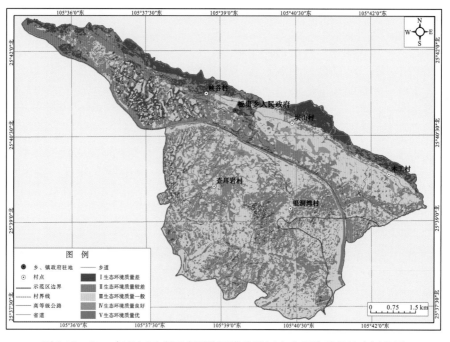

图 7-11　2000 年花江示范区喀斯特石漠化地区生态环境质量综合评价图

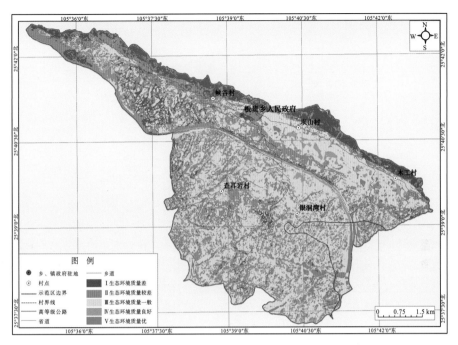

图 7-12　花江示范区生态环境质量综合评价图（2005 年）

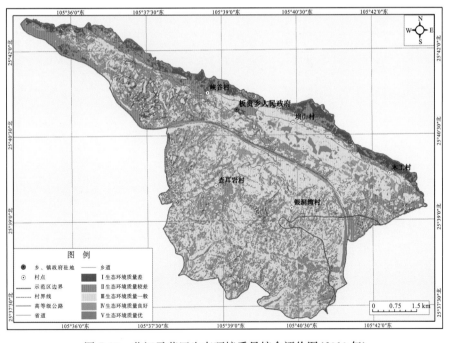

图 7-13　花江示范区生态环境质量综合评价图（2010 年）

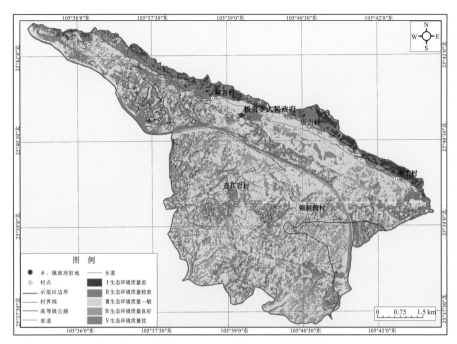

图 7-14　花江示范区生态环境质量综合评价图（2013 年）

5. 花江示范区喀斯特生态环境质量现状分析

结合图 7-15 和表 7-13 的结果，总体来看，2013 年花江示范区喀斯特生态环境质量评价总体级别为Ⅱ（生态环境质量较差，生态环境质量综合评价指数为 20～35）和Ⅲ（生态环境质量一般，生态环境质量综合评价指数为 35～55），二者占示范区总面积的 79% 以上，最低等级Ⅰ（生态环境质量差，生态环境质量综合评价指数为 0～20）占示范区总面积的 6.69%，生态环境质量良好的区域即等级Ⅳ（生态环境质量良好，生态环境质量综合评价指数为 55～70）与等级Ⅴ（生态环境质量优，生态环境质量综合评价指数大于 70）分别占示范区总面积的 9.54% 和 4.52%。

等级Ⅰ（生态环境质量差）的区域主要分布在北盘江以北，示范区东北部，海拔 1000～1200 m 的侵蚀陡坡上，其土地利用类型多为荒草地和裸岩石砾地。坡度陡峭，水土流失和石漠化程度严重，植被覆盖率很低是其主要特征。等级Ⅱ（生态环境质量较差）的区域占示范区评价面积的 37.02%，仅次于分布最广泛的等级Ⅲ（生态环境质量一般）的区域，该区域在整个示范区都有分布，北盘江两侧的丘峰台地上分布较为明显。等级Ⅲ（生态环境质量一般）的区域分布最为广泛，占全区总面积的 42.22%，且分布较为均匀，不同地貌类型和海拔均有分布。等级Ⅳ（生态环境质量良好）与等级Ⅴ（生态环境质量优）的区域合计占示范区总面积的 15.06%，在北盘江南岸主要集中分布于水热条件较好的峰丛洼地与峰丛谷地，在北盘江北岸主要集中分布于非喀斯特的侵蚀台地上，在其他区域总体呈零星分布。

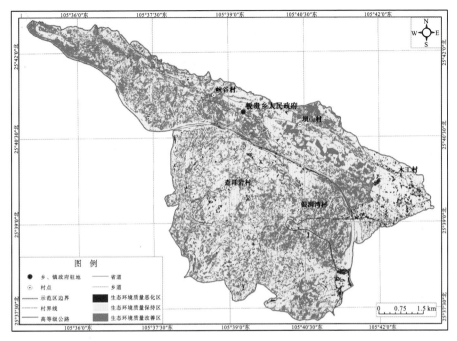

图 7-15　花江示范区生态环境质量动态图

表 7-13　2013 年花江示范区喀斯特石漠化生态环境质量评价结果统计表

等级	生态环境质量评价	取值范围	面积/hm²	占示范区总面积比重/%
Ⅰ	生态环境质量差	0~20	345.45	6.69
Ⅱ	生态环境质量较差	20~35	1910.42	37.02
Ⅲ	生态环境质量一般	35~55	2178.36	42.22
Ⅳ	生态环境质量良好	55~70	492.27	9.54
Ⅴ	生态环境质量优	70~	233.08	4.52

6. 喀斯特生态环境质量变化对不同人为干预方式的响应研究

从花江示范区石漠化综合治理工程图上提取石漠化综合治理的面状工程，得到示范区人为干预措施分布图，将其与花江示范区喀斯特石漠化地区生态环境质量空间动态变化图进行空间叠加，并对其动态变化情况进行分析。

从时间序列上，通过对 2000~2013 年花江示范区的不同人为干预措施下花江示范区的生态环境质量动态变化分析(图 7-16 和表 7-14)可知，实施石漠化治理工程人为干预措施的区域其喀斯特生态环境质量改善比例都高于 25%，明显高于未实施人为干预措施区域的改善比例 22.26%，而且未实施人为干预措施的区域其生态环境质量的恶化比例为 18.09%，也远远高于实施人为干预的区域，这直接证明了石漠化治理工程中的人为干预措施对改善喀斯特生态环境质量有着显著的作用。

表 7-14　不同人为干预措施下花江示范区生态环境质量动态变化统计表

2000～2013 年生态环境质量变化	不同人为干预措施下生态环境质量动态变化对比						
	封山育林	防护林	经果林	水保林	人工种草	坡改梯	未实施工程区
生态环境质量恶化区面积/hm²	14.59	0.39	25.69	14.81	7.99	1.62	933.12
生态环境质量保持区面积/hm²	153.24	4.94	314.76	233.23	77.20	16.20	3077.55
生态环境质量改善区面积/hm²	123.91	3.03	145.45	117.81	28.64	10.01	1148.58
生态环境质量恶化比例/%	3.97	4.69	5.29	4.05	7.01	5.83	18.09
生态环境质量保持比例/%	53.55	59.04	64.78	63.75	67.82	58.23	59.65
生态环境质量改善比例/%	42.47	36.26	29.93	32.20	25.16	35.94	22.26

注：改善比例即生态环境质量改善区占相应分类的总面积的比

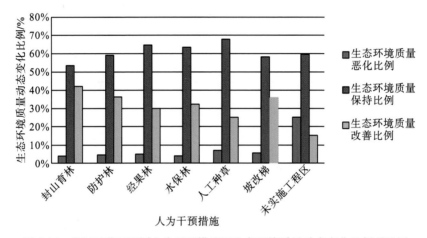

图 7-16　花江示范区不同人为干预措施下生态环境质量动态变化比例对比图

在持续扎实的科技投入基础下，花江示范区内喀斯特生态环境质量状况有了明显的好转。有石漠化综合治理工程人为干预措施分布的区域，喀斯特生态环境质量改善比例明显大于没有人为干预的区域。在对作为石漠化综合治理工程代表的六种人为干预措施的分析过程中，可以看到封山育林对喀斯特生态环境质量的改善比例最大，生态环境质量的恶化比例也最低；人工种草对喀斯特生态环境质量改善比例最低，但对喀斯特生态环境质量的保持效果最为明显；喀斯特生态环境质量改善比例由高到低依次为：封山育林>防护林>坡改梯>水保林>经果林>人工种草。

7.2.2　典型喀斯特石漠化地区生态系统服务功能评价

在遵循科学性、系统性、独立性、实用性、可比性等原则的基础上，结合研究区实际，从各项数据的可获取性出发，借鉴现有研究成果，构建了一套适合喀斯特石漠化地区的生态系统服务评估指标体系框架。

针对陆地生态系统结构和过程特点及评判需要，依据喀斯特石漠化地区生态系统的支持功能、调节功能、产品功能和文化功能类别，对这些服务类别进行逻辑分析，把生态系统服务功能评估指标体系分为目标层、综合层、项目层、要素层4个等级。

目标层：表达陆地生态系统为人类提供服务的能力，代表着服务的总体状况。本研究将喀斯特石漠化区生态系统服务价值评估作为体系的目标层。

综合层：依照生态系统结构和功能特征，将由其产出的服务类别分别表达为支持功能、调节功能、产品功能和文化功能。

项目层：在每一个划分的综合层内，它们具有多样性、动态性等特征，并能够代表服务类别的各项服务内容。本书将项目层划分为水源涵养、土壤形成、生物多样性保护、气体调节、水土保持、营养物质循环、有机质生产、娱乐文化 8 项。

要素层：采用可测的、可比的、可以获得的指标及指标群，对项目层的数量表现、强度表现、速率表现给予直接的度量，由多个指标组成，本书选取水源涵养、土壤形成、生物多样性保护、吸收 CO_2、释放 O_2、表土保持、肥力保持、泥沙淤积减少、N 吸收、P 吸收、K 吸收、有机质生产、娱乐文化等 13 项。

喀斯特石漠化生态系统服务功能价值评估体系的构建如图 7-17 所示。

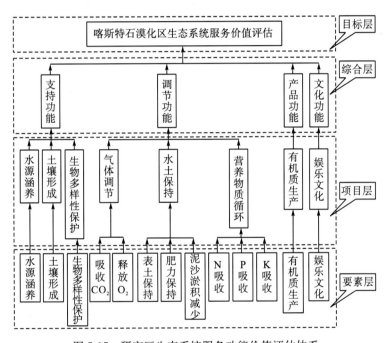

图 7-17　研究区生态系统服务功能价值评估体系

1. 单项生态服务功能价值计算与分析

1)调节功能

(1)气象调节评估。

生态系统服务功能在气象调节上，主要以植被的固定 CO_2 和释放 O_2 来体现。气象调节在大气中的 CO_2 和 O_2 动态平衡的维持、减缓全球温室效应、改良生态环境等方面有不可替代的作用。随着全球生态环境问题不断涌现与突出，生态环境的质量问题受到人们的关注，定量地评价生态系统气体调节服务价值就成为生态系统服务研究的重要内容之一。总结学术界关于定量评价生态系统气体调节的相关研究结果，一般采用以下三种方法进行定量评价：①利用植被的光合作用和呼吸作用方程；②采用监测与实际调查相结合的方法；③采用相关数学模型进行模拟（唐国滔，2012）。第一种评估方法被较多的学者用来进行生态系统气体调节服务价值的评估，本书也是采用第一种方法对研究区进行相关的评估。

生态系统中的植被通过其自身的叶绿素吸收空气中的 CO_2，在光合作用下，生成葡萄糖等碳水化合物并同时释放出 O_2，其方程式为（赵海珍等，2010）

$$CO_2(264\ g) + H_2O(180\ g) \longrightarrow C_6H_{12}O_6(180\ g) + O_2(193\ g) \longrightarrow 多糖 \qquad (7\text{-}7)$$

根据以上光合作用方程式，植被每利用 6772 cal 太阳能将吸收 264 g 的 CO_2 和 180 g 的水，生产出 180 g 葡萄糖和 193 g 的 O_2，然后 180 g 的葡萄糖再转变为 162 g 多糖，以纤维素和淀粉的形式在植物体内储存。植被所形成的干物质中，碳元素的含量在 45% 左右（陈润政，1998）。根据以上推算，植被中每形成 1g 干物质，需要吸收 1.62g 的 CO_2，同时释放出 1.20g 的 O_2。因此，通过以上分析结果，本书中的生态系统吸收 CO_2 和释放 O_2 的物质量的计算公式为（唐国滔，2012）

$$M_{CO_2} = 1.62 \times \sum_i S_i \times N_i \qquad (7\text{-}8)$$

$$M_{O_2} = 1.20 \times \sum_i S_i \times N_i \qquad (7\text{-}9)$$

式中，M_{CO_2} 为生态系统中绿色植物固定 CO_2 的重量（t/a）；M_{O_2} 为生态系统中绿色植物释放 O_2 的重量（t/a）；S_i 为第 i 种植被类型的面积（hm^2）；N_i 为第 i 种植被类型的净初级生产力（$g/(m^2 \cdot a)$）。

本书采用碳税法来计算研究区的相关数值，CO_2 的单位质量价值借用瑞典碳税率 0.15 美元/kg(C)，换算成吸收 CO_2 为 4.094×10^{-5} 美元/g，采用 10 年间人民币对美元的汇率平均值（8 元人民币/美元汇率）计算。通过以上整理分析，这里将计算研究区吸收 CO_2 的价值改写成如下形式

$$V_{rCO_2}(x) = 1.62 \times NPP(x) \times R \qquad (7\text{-}10)$$

$$V_{rCO_2} = \sum V_{rCO_2}(x) \qquad (7\text{-}11)$$

式中，$V_{rCO_2}(x)$ 为像元 x 处每年吸收 CO_2 的价值（元）；$NPP(x)$ 为像元 x 处每年生产的有机物质（$gC/(km^2 \cdot a)$）；R 为碳税法中 CO_2 的单位质量价值（元/g）；V_{rCO_2} 为区域每年吸收 CO_2 的价值（元）。通过以上公式计算得出研究区单位面积 CO_2 服务功能价值为 $23.876208 \times 10^{-5} \times NPP(x)$（元/$m^2$），即 $238.76208 \times NPP(x)$（元/km^2）。

释放 O_2 的物质量的计算采用工业制氧法，计算中，选取 4×10^{-4} 元/g 的工业制氧价作为计算的基础，参考吸收 CO_2 的价值的计算公式，研究区释放 O_2 的物质量的公式为

$$V_{rO_2}(x) = 1.2 \times NPP(x) \times Q \qquad (7\text{-}12)$$

$$V_{rO_2} = \sum V_{rO_2}(x) \qquad (7\text{-}13)$$

式中，$V_{rO_2}(x)$ 为像元 x 处每年吸收 O_2 的价值（元）；$NPP(x)$ 为像元 x 处每年生产的有机物质（$gC/(km^2 \cdot a)$）；Q 为工业制氧价格（元/g）；V_{rO_2} 为区域每年释放 O_2 的价值（元）。通过以上公式计算可知，研究区单位面积释放 O_2 的价值为 $2.16 \times 10^{-4} \times NPP(x)$（元/$m^2$），即 $216 \times NPP(x)$（元/km^2）。

通过以上计算的单位面积 CO_2 服务功能价值和单位面积释放 O_2 的价值，以研究区

NPP 为计算的基础数据，结合研究区景观类型、植被类型等基础资料，计算研究区的 CO_2 服务功能价值和释放 O_2 的价值。

从计算结果来看，研究区的生态系统气象调节功能在 2000~2010 年呈现出上升的趋势，价值从 4194.10 万元攀升到 8001.18 万元，数值增长了将近两倍。从时间段上看，2000~2005 年，研究区的气象调节的价值量提高了 103.61 万元；2005~2010 年研究区的气象调节的价值量提高了 3703.47 万元。研究区在前五年，价值量提高幅度不高，而到了后五年，价值量有了很大的提高(表 7-15)。

表 7-15 2000~2010 年花江示范区生态系统气象调节功能价值表 （单位：万元）

景观类型	气象调节	2000 年	2005 年	2010 年
草地	吸收 CO_2	326.68	340.93	682.69
	释放 O_2	308.99	308.43	617.60
灌木林地	吸收 CO_2	263.10	258.42	472.63
	释放 O_2	250.77	233.78	427.57
旱地	吸收 CO_2	890.27	938.83	1707.14
	释放 O_2	799.21	849.33	1544.40
居民地	吸收 CO_2	0.00	0.00	0.00
	释放 O_2	0.00	0.00	0.00
裸岩	吸收 CO_2	0.00	0.00	0.00
	释放 O_2	0.00	0.00	0.00
疏林地	吸收 CO_2	408.35	415.56	772.93
	释放 O_2	368.20	375.94	699.25
水田	吸收 CO_2	47.96	46.57	84.73
	释放 O_2	53.74	42.13	76.65
水域	吸收 CO_2	0.00	0.00	0.00
	释放 O_2	0.00	0.00	0.00
有林地	吸收 CO_2	257.41	256.11	480.71
	释放 O_2	219.42	231.69	434.88
合计		4194.10	4297.71	8001.18

从研究区生态系统气象调节功能价值的空间分布情况来看，这 10 年间，价值量低的主要集中在中部和东部至西北连线一带区域，价值量高的主要集中在研究区的南部和西北部。

（2）水土保持评估。

水土保持功能分为减少表土损失、保护土壤肥力和减少泥沙淤积，选取这三个相互联系的生态过程，并通过土壤保持量来实现对水土保持功能的估算。

①单位面积土壤保持量(Er(x))的计算。

土壤保持量由潜在土壤侵蚀量和实际土壤侵蚀量估算。水蚀区土壤侵蚀强度的分级标准，采用《土壤侵蚀分类分级标准》(SL 190—2007)中土壤侵蚀强度的分级指标(据植被覆盖率 $f(x)$ 和坡度)，因此采用植被覆盖度和坡度来评估单位面积上的土壤保持量，而潜在土壤侵蚀量则可取相应坡度下，植被覆盖率为 0 时的土壤侵蚀量。

表 7-16　研究区土壤保持量的确定　　　　　　　　　　　(单位：t/(km² · a))

$f(x)$ ＼ 坡度	5°～8°	8°～15°	15°～25°	25°～35°	>35°
60～75	2000	2000	4750	7750	11250
45～60	2000	2000	2750	7750	8500
30～45	2000	0	2750	5000	3500
<30	0	0	0	0	0

②减少表土损失功能(表土保持)单位面积价值估算。

减少表土损失功能价值，是指因土壤的流失而导致耕作层全部丧失或因耕作层变薄贫瘠而造成的损失。因此本书采用按平均耕层厚度把土壤流失总体积折算成土地面积，且运用土地的机会成本法来进行估算土壤侵蚀造成表土损失的价值。研究区减少表土损失功能价值评估公式如下

$$Es = Er(x) \times Oc(x)/(H \times 10000 \times \rho) \tag{7-14}$$

式中，Es 为减少表土损失功能单位面积价值(元/m²)；Er(x)为年土壤保持量(t/(km² · a))；Oc(x)为单位土地产出率(元/km²)；H 为平均耕层厚度(m)；ρ 为土壤容重(t/m³)

根据杨洁的研究成果，取研究区平均耕层厚度为 0.3 m，平均土地产出率为 22.198 万元/km²，土壤平均容重为 1.092 t/m³(杨洁等，2005)。将以上数字代入公式，进而得出研究区单位面积减少表土损失功能为

$$Es = 6.7759 \times 10^{-5} \times Er(x) \tag{7-15}$$

③保持土壤肥力功能(肥力保持)单位面积价值估算。

保持土壤肥力包括减少 N、P 和 K 的损失，采用替代价格法来计算因土壤侵蚀而丧失 N、P 和 K 的养分损失，将施用的等量化肥的费用作为经济损失的费用。采用如下公式进行计算(杨洁等，2005)

$$E_t = Er(x) \times (M_N \times C_N \times P_N + M_P \times C_P \times P_P + M_K \times C_K \times P_K) \tag{7-16}$$

其中，E_t 为 N、P 和 K 养分流失所损失的价值(元/a)；Er(x)为年土壤保持量(t/(km² · a))；M_N、M_P、M_K 为 N、P、K 在花江示范区土壤中的平均含量(%)；C_N、C_P、C_K 为 N、P、K 折算为硫酸铵、过磷酸钙和氯化钾的系数；P_N、P_P、P_K 为硫酸铵、过磷酸钙和氯化钾的市场价格(元/t)。

据实测和调查，N、P、K 在花江示范区土壤中的平均含量分别为 0.0971%、0.0671%、1.592%，目前硫酸铵、过磷酸钙和氯化钾的市场价格为 800 元/t、400 元/t 和 1450 元/t，折算成纯氮、磷、钾化肥的系数分别为 4.81、5.13 和 1.92。代入以上公式可得

$$E_t = 49.43458 \times Er(x)(元/km^2) = 49.43458 \times 10^{-6} \times Er(x)(元/m^2) \tag{7-17}$$

④减少泥沙淤积功能单位面积价值估算。

减少泥沙淤积功能用替代工程法进行计算，计算公式如下

$$E_n = \mathrm{Er}(x) \times 24\% \times P \tag{7-18}$$

式中，$\mathrm{Er}(x)$ 为年土壤保持量（$\mathrm{t}/(\mathrm{km}^2 \cdot \mathrm{a})$）；$P$ 为拦截泥沙的工程单位投资费用（元/m^3）。

我国一般土壤侵蚀流失的泥沙有 24% 淤积于水库、江河、湖泊，从而造成蓄水量的下降（欧阳志云等，1999）。我国 1 m^3 库容的水库工程费用为 0.67 元，代入上式，得出减少泥沙淤积功能价值为

$$E_n = 16.08 \times \mathrm{Er}(x)（元 /\mathrm{m}^2） \tag{7-19}$$

⑤水土保持功能价值估算。

水土保持功能由减少表土损失、保护土壤肥力和减少泥沙淤积三项分项功能组合而成，公式如下

$$E = \mathrm{Es} + E_t + E_n \tag{7-20}$$

由以上计算得出的结果，及上式计算得出研究区三期水土保持功能价值，如表 7-17 所示。

表 7-17　水土保持功能价值表　　　　　　　　　　（单位：万元）

景观类型	功能类型	2000 年	2005 年	2010 年
草地	表土损失	217.20	195.73	212.38
	保持土壤肥力	15.85	14.28	15.49
	减少泥沙淤积	51.54	46.45	50.40
灌木林地	表土损失	224.68	196.08	185.39
	保持土壤肥力	16.39	14.31	13.53
	减少泥沙淤积	53.32	46.53	44.00
旱地	表土损失	410.83	397.89	379.10
	保持土壤肥力	29.97	29.03	27.66
	减少泥沙淤积	97.49	94.42	89.97
居民地	表土损失	18.24	17.96	20.44
	保持土壤肥力	1.33	1.31	1.49
	减少泥沙淤积	4.33	4.26	4.85
裸岩	表土损失	176.31	181.61	161.88
	保持土壤肥力	12.86	13.25	11.81
	减少泥沙淤积	41.84	43.10	38.42
疏林地	表土损失	266.65	251.90	240.00
	保持土壤肥力	19.45	18.38	17.51
	减少泥沙淤积	63.28	59.78	56.95
水田	表土损失	17.37	13.95	13.11
	保持土壤肥力	1.27	1.02	0.96
	减少泥沙淤积	4.12	3.31	3.11

景观类型	功能类型	2000 年	2005 年	2010 年
水域	表土损失	22.90	20.80	33.82
	保持土壤肥力	1.67	1.52	2.47
	减少泥沙淤积	5.43	4.94	8.03
有林地	表土损失	153.78	151.62	143.84
	保持土壤肥力	11.22	11.06	10.49
	减少泥沙淤积	36.49	35.98	34.14
合计		1975.84	1870.47	1821.23

从研究区三期水土保持功能价值量表来看，研究区的三项分项功能价值在 10 年间的三个时间段上的量都有不同的变化，有价值量持续减少的(如有林地、水田、疏林地、旱地、灌木林地等)，有价值量先减少后增加的(草地、居民地、水域等)，也有价值量先增加后减少的(裸岩)。从研究区水土保持功能价值总价值量的 10 年变化来看，10 年间水土保持功能价值总量呈持续减少的趋势。

(3)营养物质循环评估。

生态系统通过光合作用，将 N、P、K 和无机环境中的其他营养素转化成有机物质，生态系统中存在着复杂的食物网，而系统中的营养物质就通过食物网循环再生，在全球生物地球化学大循环中起着不可或缺的作用。因此在营养物质循环的评估时，以植物净初级生产力为基础来估算其重要营养物质 N、P、K 的生态系统服务价值。根据这三种营养素的 N、P、K 有机质在预算中的分配，估算营养物质循环价值 V_{nc} 公式如下(郭伟，2012)：

$$V_{nc} = \sum V_{nc_i}(x) = \sum NPP(x) \times R_{i1} \times R_{i2} \times P_i \tag{7-21}$$

式中，i 代表 N、P、K 三种元素；V_{nc} 是生态系统营养物质循环价值；$\sum V_{nc_i}(x)$ 是像元 x 处生态系统单位面积累计第 i 种营养元素的价值(元/km^2)；$NPP(x)$ 是像元 x 每年产生的有机物质 $gC/(km^2 \cdot a)$；R_{i1} 为不同生态系统中 i 元素在有机质中的分配率(%)；R_{i2} 是 i 元素折算成化肥的比例(%)；P_i 表示 i 肥的平均价格(元/t)。

N、P、K 在不同的生态系统中的含量各有差异，根据《中国生物多样性国情研究报告》整理得出研究区主要生态系统类型各营养元素含量表。借鉴赖景生(2004)的研究成果，纯 N、P、K 折算成化肥的比例分别为 79/14，506/162，174/78，目前硫酸铵、过磷酸钙和氯化钾的市场价格为 800 元/t、400 元/t 和 1450 元/t。

根据以上公式和相关数据，通过 ArcGIS 的空间叠加与统计分析，计算得出研究区三期营养物质循环价值量，如表 7-18 所示。

表 7-18　营养物质循环价值量统计表　　　　　　　　　　(单位：万元)

生态类型	2000 年	2005 年	2010 年
草地	127.20	126.97	254.24
灌木林地	103.24	96.25	176.03

生态类型	2000 年	2005 年	2010 年
旱地	329.06	349.70	635.89
居民地	15.45	16.53	35.39
裸岩	83.09	91.67	158.74
疏林地	44.04	44.97	83.64
水田	22.13	17.35	31.56
水域	3.86	3.95	11.70
有林地	26.25	27.71	52.02
合计	754.32	775.08	1439.21

从表 7-18 可以看出，研究区营养物质循环价值量十年间在不同的生态系统中呈现不同的变化情况。除了草地、灌木林地、水田生态系统的营养物质循环总量是呈先降低后提升的趋势，其余生态系统的营养物质循环都呈持续增加的趋势。从 10 年变化时间段上看，研究区三期营养物质循环价值总量在 2000~2005 年变化不明显，而到 2005~2010 年，增加的量较大，很多都达到了一倍以上。

2）支持功能

(1)水源涵养价值评估。

陆地生态系统中各景观类型都有不同的水源涵养能力，其中森林最大，水源涵养服务功能直接关系到人类的生存条件。目前，生态系统水源涵养服务功能的评估方法主要有以下几种：降水储存量法、地下径流增长法、区域水量平衡法、森林涵养水分——林冠截留模型法、土壤蓄水量法、枯落物层持水量法。生态系统的水源涵养量是动态变化的，当降雨产生时，降水先通过植被层蓄水，当植被层蓄水到饱和状态后，水分会通过植被层到达土壤层，并往下渗透，且不断蓄水，使土壤层达到动态饱和状态。生态系统涵养水分的总量取决于生态系统所在区域的降水量和蒸散量，因此本书采用水量平衡法来计算生态系统水源涵养量，用水的影子价格乘以水源涵养总量即为生态系统水源涵养的价值，其中，水的影子价格由水库的蓄水成本确定。具体公式如下

$$Q = P(x) \times k \times (R_{裸地} - R_{非裸地}) \tag{7-22}$$

式中，Q 为与裸地相比较，单位面积非裸地的涵养水分增加量；$P(x)$ 为年平均降水量；k 为产流降水量占总降水量的比例（秦岭－淮河以南取 0.6）（赵同谦等，2004）；$R_{裸地}$ 和 $R_{非裸地}$ 分别为产流降水条件下，裸地和非裸地的降水径流率。降水径流率 R 与植被覆盖度 $f(x)$ 呈显著负相关性（朱连奇等，2003），即

$$R = -0.3187 \times f(x) + 0.36403 \tag{7-23}$$

因此，Q 可由年平均降水量 $P(x)$ 和植被覆盖度 $f(x)$ 表示

$$Q = 0.3187 \times P(x) \times f(x) \times k \tag{7-24}$$

计算出水源涵养的增加量后，其服务价值可由替代工程法计算。我国 $1 \ m^3$ 库容的水库工程费用为 0.67 元，因而水源涵养功能的单位面积价值为

$$Q = 0.3187 \times 0.67 \times 0.6 \times P(x) \times f(x) \times 1 \times 10^{-3} \tag{7-25}$$

即

$$Q = 1.281174 \times 10^{-4} \times P(x) \times f(x)(元/m^2) \tag{7-26}$$

通过以上计算方法和计算方式，计算得出研究区三期的水源涵养功能价值（表7-19）。

表 7-19 花江示范区三期水源涵养功能价值表　　　　　（单位：万元）

景观类型	2000 年	2005 年	2010
草地	69.64	67.85	65.40
灌木林地	52.52	49.46	47.88
旱地	179.32	177.70	167.94
居民地	8.63	8.38	7.98
裸岩	45.32	43.92	42.78
疏林地	80.42	77.38	74.44
水田	13.31	12.67	12.29
水域	7.03	6.83	6.51
有林地	43.96	41.66	39.77
合计	500.14	485.84	465.00

从表7-19可以看到，研究区三期水源涵养功能价值总量在10年间都呈现逐步下降的趋势。在总量上，旱地水源涵养功能价值总量最大，水域水源涵养功能价值总量最低，形成这一格局的主要原因在于研究区内生态系统景观类型的格局。在单位面积上，有林地、疏林地、灌木林地等生态系统类型的水源涵养功能还是较大的。

（2）土壤形成评估。

结合花江示范区的地理环境、生态系统等特征，考虑到土壤形成的生态服务价值的量化较为复杂，因此结合Costanza等（1997）、谢高地等（2003）的研究成果，参照谢高地等提出的"中国不同陆地生态系统单位面积生态服务价值表"（表7-20）（谢高地等，2003），根据研究区的生态系统类型来直接进行土壤形成价值的计算。

表 7-20 中国不同陆地生态系统单位面积生态服务价值　（单位：元/(hm²·a))

服务类型	森林	草地	农田	湿地	水域	荒漠
气体调节	3097.0	707.9	442.4	1592.7	0.0	0.0
气候调节	2389.1	794.6	787.5	15130.9	407.0	0.0
水源涵养	2831.5	707.9	530.9	13715.2	180332.2	26.5
土壤形成与保护	3450.9	1725.5	1291.9	1513.1	8.8	17.7
废物处理	1159.2	1159.2	1451.2	16086.6	16086.6	8.8
生物多样性保护	2884.6	964.5	628.2	2203.3	2203.3	300.8
食物生产	88.5	265.5	884.9	88.5	88.5	8.8
原材料	2300.6	44.2	88.5	8.8	8.8	0.0
娱乐文化	1132.6	35.4	8.8	3840.2	3840.2	8.8
合计	19334	6404.7	6114.3	54179.3	202975.4	371.4

结合生态系统单位面积生态服务价值当量表和研究区生态系统类型，计算得出研究区三期土壤形成服务价值（表 7-21）。

表 7-21 土壤形成服务价值表　　　　　　　　　（单位：万元）

景观类型	2000 年	2005 年	2010 年
草地	125.23	120.06	127.97
灌木林地	181.39	172.16	168.33
旱地	244.22	246.16	240.40
居民地	0.08	0.08	0.09
裸岩	0.82	0.88	0.81
疏林地	281.14	282.04	280.18
水田	15.64	12.56	11.92
水域	0.07	0.07	0.10
有林地	157.90	167.68	168.77
合计	1006.49	1001.69	998.57

从表中可以看出，研究区土壤形成服务价值在 10 年间呈逐渐降低的趋势，不过降低的幅度并不大，说明研究区的土壤形成服务价值比较稳定。

（3）生物多样性评估。

本书对研究区生物多样性的评估同土壤形成一样，同样是结合当量因子表，进行计算（表 7-22）。

表 7-22 生物多样性服务价值表　　　　　　　　（单位：万元）

景观类型	2000 年	2005 年	2010 年
草地	70.00	67.11	71.53
灌木林地	151.63	143.91	140.71
旱地	118.75	119.70	116.90
居民地	2.62	2.71	3.14
裸岩	13.99	14.94	13.75
疏林地	235.01	235.76	234.20
水田	7.60	6.11	5.80
水域	16.33	16.33	25.75
有林地	131.99	140.17	141.08
合计	747.93	746.73	752.84

从表 7-22 可以看出，研究区生物多样性服务价值在 10 年间的变化也不明显。从时间段上来看，2000～2005 年生物多样性服务价值呈减少趋势，而 2005～2010 年价值量又呈现出增加的趋势。研究区的生物多样性服务价值经历了先减少后增加的动态变化过程。从总体来看，研究区生物多样性服务价值较为稳定，增减的幅度较小。导致这一现象的原因可能是由于研究区属于一个较小的喀斯特峡谷类型石漠化流域区，区域内生态系统的各项因子在较短的时间内变化的幅度并不是很大，反映到生态系统各项功能价值上时

就会出现以上现象。

3)产品功能

生态系统中的产品功能体现在总初级生产中可以作为食物的部分，一般用有机质生产来进行价值量的评估。生产有机物是生态系统服务功能最基本的功能。生态系统通过第一级与次级生产来生产人类生活必需的各种物质。在整个生态系统中，植物利用太阳能，将很多无机物转化为有机物，如人类所需的食物、原料及生活必需品。这一过程支持着整个生态系统，也是所有生态系统中的消费者和还原者的食物基础。生态系统合成有机物的量，可以用 NPP 来衡量。因此本书对于有机物生产服务的价值采用能量代替法，以 NPP(gC/(km² · a)) 为基础进行估算。具体思想为，将生态系统所固定的碳转化为相等能量的标煤重量，由标煤价格间接估算有机物质生产的价值。根据相关资料，碳的热量为 0.036 MJ/g，标煤的热值为 0.02927 MJ/g，本书采用标煤价格为 354 元/t（1990 年不变价），通过以上数据，计算出研究区有机质生产单位面积的价值为

$$E_y = \text{NPP}(x) \times (0.036/0.02927) \times 354 \times 10^{-6}(\text{元}/\text{m}^2) \tag{7-27}$$

也即

$$E_y = 4.353946 \times 10^{-6} \times \text{NPP}(x)(\text{元}/\text{m}^2) \tag{7-28}$$

通过以上公式及数值，计算得出研究区三期有机质生产价值总量，如表 7-23 所示。

表 7-23　有机质生产价值总量表　　　　　　　　（单位：万元）

生态类型	2000 年	2005 年	2010 年
草地	6.23	6.22	12.45
灌木林地	5.05	4.71	8.62
旱地	16.11	17.12	31.13
居民地	0.76	0.81	1.74
裸岩	4.07	4.49	7.78
疏林地	7.42	7.58	14.09
水田	1.08	0.85	1.55
水域	0.65	0.66	1.96
有林地	4.42	4.67	8.77
合计	45.80	47.12	88.09

从表 7-23 可以看出研究区近 10 年间各生态系统类型有机质生产价值总量的格局和变化情况。从整个 10 年变化历程来看，研究区草地、灌木林地、水田生态系统类型的有机质价值总量呈现出先减少后增加的趋势；其余生态系统类型则呈现逐步上升的趋势。

4)文化功能

考虑文化功能量化的困难性，结合研究区的特殊性，本书对于文化功能价值的评估采用谢高地等(2003)提出的"中国不同陆地生态系统单位面积生态服务价值表"，得出研究区各生态系统类型的文化功能价值单价，通过单价表，计算出研究区三期文化功能服务价值(表 7-24)。

表 7-24　文化功能价值总量表　　　　　　　　　　　（单位：万元）

景观类型	2000 年	2005 年	2010 年
草地	2.57	2.46	2.63
灌木林地	59.53	56.50	55.25
旱地	1.66	1.68	1.64
居民地	0.08	0.08	0.09
裸岩	0.41	0.44	0.40
疏林地	92.27	92.57	91.95
水田	0.11	0.09	0.08
水域	28.46	28.46	44.87
有林地	51.82	55.03	55.39
合计	236.92	237.31	252.31

从表 7-24 可知，研究区 10 年间文化功能价值量的格局和变化规律与景观的格局、变化有着较大的关联性。从价值总量上看，研究区十年间的文化功能价值呈现不断上升的趋势，但增加的量并不是很大，研究区十年间文化功能价值较为稳定。

2. 研究区生态服务总价值计算与分析

研究区生态服务总价值是指研究区生态系统各类型生态服务功能价值量的总和，对于单个生态服务功能价值可用下式计算：

$$V_{\mathrm{C}} = \sum_{i=1}^{n} \sum_{j=1}^{m} R_{ij} \times V_{\mathrm{C}i} \times S_{ij} \qquad (7\text{-}29)$$

式中，i 表示第 C 类生态系统的第 i 种生态服务功能，$i=1$，2，$\cdots n$；$V_{\mathrm{C}i}$ 表示第 C 类生态系统的第 i 种生态服务类型的单位面积价值；j 表示第 C 类生态系统的像元数，$j=1$，2，$\cdots$，m；S_{ij} 表示像元面积大小(本书为 5 m×5 m)；R_{ij} 表示像元的调整系数，由生态系统的质量状况决定。

选取植被覆盖度 f_j 和植被净第一性生产力(NPP)作为表征生态系统质量的参数，则任一像元调整系数表示为

$$R_{ij} = \left[\frac{\mathrm{NPP}_j}{\mathrm{NPP}_{\mathrm{mean}}} + \frac{f_j}{f_{\mathrm{mean}}} \right] \qquad (7\text{-}30)$$

式中，$\mathrm{NPP}_{\mathrm{mean}}$ 和 f_{mean} 分别为第 C 类生态系统植被净第一性生产力和植被覆盖度的均值，NPP_j 和 f_j 为 j 像元的第一性生产力和植被覆盖度。

通过计算出的各项单项生态系统服务价值和区域总价值，得出研究区三期区域生态系统服务价值总量，如表 7-25 所示。

表 7-25　生态服务功能总价值统计表（2000～2010 年）　　　（单位：万元）

景观类型	2000 年	2005 年	2010 年
草地	2599.90	2534.03	4167.43
灌木林地	2936.64	2611.91	3603.67
旱地	6044.62	6380.03	9746.10
居民地	260.80	274.67	517.90

续表

景观类型	2000 年	2005 年	2010 年
裸岩	1583.19	1721.31	2517.70
疏林地	3816.00	3767.80	5221.03
水田	392.97	299.37	476.15
水域	300.52	294.47	670.14
有林地	2326.97	2362.22	3302.30
合计	20261.60	20245.79	30222.40

3. 生态服务功能总价值及变化

从研究区数据统计表上看，10 年来三期区域的生态服务价值总量呈现先降后升的变化趋势，2000 年、2005 年和 2010 年生态服务价值总量分别为 20261.60 万元、20245.79 万元、30222.40 万元，2000~2005 年的变化率为 0.08%，2005~2010 年的变化率为 49.28%，2000~2010 年的变化率为 49.16%。

2000 年各景观类型的生态服务价值总量上，旱地最高，达到了 29.83%，其次是疏林地（18.83%）、灌木林地（14.49%）、草地（12.83%）、有林地（11.48%）、裸岩（7.81%）、水田（1.94%）、水域（1.48%）和居民地（1.29%）；在 2005 年，各景观类型的生态服务价值总量排名和 2000 年一样，即旱地（31.51%）＞疏林地（18.61%）＞灌木林地（12.90%）＞草地（12.52%）＞有林地（11.67%）＞裸岩（8.50%）＞水田（1.48%）＞水域（1.45%）＞居民地（1.36%）；但到了 2010 年，各生态服务总价值量排名为：旱地（32.25%）＞疏林地（17.28%）＞草地（13.79%）＞灌木林地（11.92%）＞有林地（10.93%）＞裸岩（8.33%）＞水域（2.22%）＞居民地（1.71%）＞水田（1.58%）。

在研究区旱地和疏林地所占比重较大，其在生态服务功能价值总量上的贡献度也较大。其中，2000 年旱地和疏林地的服务价值总量之和为 9860.62 万元，占研究区生态服务功能价值总量的 48.67%；2005 年两者服务价值总量总和为 10147.83 万元，占研究区总价值的 50.12%；2010 年两者总价值之和达到了 14967.12 万元，占研究区总价值的 49.52%。研究区是一个典型的喀斯特石漠化区，居民地和水域景观类型所占比重较小，生态服务功能的单价也相比其他较低，所以两者所生产的生态服务价值比重较低。从生态服务价值量和生态服务景观类型的相关性来看，生态系统服务价值的格局和变化，与其处于自然覆被的类型、下垫面的差异，以及各景观类型间的相互转换而造成的面积上的变化密切相关。

研究区 10 年间，生态服务功能价值量主要以旱地、疏林地、灌木林地为主，居民地、裸岩等所占比重较低。从研究区特殊的地理环境背景出发，研究区景观类型以旱地、灌木林地等为主。国家在"十五"期间就开始对研究区进行了大量石漠化治理的研究和试点工作，最为典型的就是花椒经济林的种植，而在研究区中，花椒主要分布于旱地、疏林地等景观类型中，因此其形成的生态服务价值就会相对其他类型高。从研究区各生态系统类型生态服务价值量来看，要增强区域生态系统服务价值，为人类活动提供更多的支持和保障，进而更好地治理石漠化，就需要更好地去保护好生态服务价值单价较高的林地、疏林地等，生态服务价值单价较低的居民地和裸岩则需要通过各种手段和政策进行控制和预防。

7.3 石漠化综合治理工程配置的优化与调控

7.3.1 不同石漠化区综合治理工程配置的共性优化措施

1. 加大政府调控力度

国家层面上的调控是流域经济系统运行的重要保证(邓宏兵，2000)，政府的主要职能是贯彻落实国家政策，资金的分配和投入，项目的组织、管理和监督等公益性行为。主要措施有：①科研机构应引导政府在满足生态效益的基础上发掘经济效益，通过石漠化治理工程布控进行坡耕地综合治理模式、特色经果产业发展模式示范等科技创新和推广活动，为政府和农民提供咨询、引导服务。②制定科学的土地利用规划。土地资源配置要符合土地利用总体规划，科学性、前瞻性的土地利用规划对土地资源配置起着统筹、调控和引导的作用。采石业是花江示范区较普遍的产业之一，有加剧石漠化等级提高、破坏植被和自然环境的不良影响，但其是当地居民较为直接的经济来源，这种矛盾的局面一直未被良好解决。从优化度等级图中可以明显地看出，石漠化等级较强的区域多为采石场。短短的几年间，无论是采石场的规模发展，还是采取的石料总量都是相当巨大的。"靠山吃山"的现象仍然没有得到抑制或者缓和。示范区现有的石漠化治理工程无土地利用规划设计，工程较为分散、凌乱。因此，政府应当相应地控制石料的开采，并且及时做到开采后的生态恢复，建议制定土地利用规划，系统地规范工程布控要求和实施范围。③将工作强化到每个村、每个组，做到以政府为主，协调其他部门，统一进行管理规划。

2. 促进政府的监督力度

调查中发现很多工程管理不善，村民素质较低，修建的工程设施折旧较快、利用率低，且缺乏必要的维护，使用寿命明显下降。部分设施未达到应有的功能效果，村民对工程的认识度和积极性普遍不高。建议创建专门的工程实施监测和维护队伍，负责沉砂池清理、日常维护工程建设设施。

3. 改善道路的建设

要致富先通路，调查发现示范区内很多地方仍有未通路的现象。首先，乡镇工作人员做好农户的工作，有了道路的建设，才能有更好的发展。其次，在农闲的时候，号召农户集体修建机耕道。最后，对于利用耕地面积修建机耕道的农户，给予相应的补偿。

7.3.2 轻-中度石漠化综合治理工程配置的优化措施

模式与技术的关系不够密切，工程布设体系之间仅仅是简单机械的组合，没有做到工程直接的耦合，并且成果推广不是很好，应当加强工程之间的整体性，并且因地制宜地适当增加工程量。石漠化综合治理工程应当与立地条件相对应，做到因地制宜，才能使工程变得更加合理且利用率得到最大的优化。

1. 草地畜牧业模式的优化

(1)增加人工种草,提高牧草地的草地承载力,可在林地里合理地播撒一些优良的种子,这样不仅可以固土防止水土流失,还可以增加牧草的面积,减少过度放牧。

(2)在积极发展草地的同时,应当优化畜种的结构。在清镇红枫湖示范区主要发展奶牛业,也可以适当增加一些其他畜种,而且应当实行科学养殖,控制养殖效率,可以增加饲料的生产、加工基地,并且可以根据当地的情况建立畜牧业的生产企业,建立当地自己的市场体系。在示范区内政府应当增加畜禽的疫病防治、品种改良的相关站点,加强畜禽的整体性管理是实现畜牧业发展的有效措施。

2. 生态农业模式的优化

研究区存在种植结构单一问题,很多农户不太熟知适宜性更强、经济价值更大的一些作物,且不愿意改变种植结构。这说明政府的引导作用还不够明显,应当完善各级政府、科研机构和当地农民的责、权、利并规范其参与行为。多带领农户积极了解最新的市场信息,结合当地的条件,多种植一些经济效益高的作物,并且及时做到品种的改良和优化,也可以通过建立农产品加工基地等方式增加农户收入,提高农户的种植积极性,同时做到生态环境的保护。

7.3.3　中－强度石漠化综合治理工程配置的优化措施

1. 改善水资源利用率

水资源的匮乏是重要问题,也是制约喀斯特地区发展的重要因素。花江示范区水热条件较好,年均温 18.4℃,年均降水量 1100 mm。但是中－高石漠化现状使得小流域固水保土能力差,示范区内居民吃水困难。目前,示范区内共修建小水池 274 个、沉沙池 242 口。但大部分地区的工程出现闲置的情况,未做到户户通自来水,灌溉用水未得到解决,饮水安全也受到严重威胁。具体措施为:①政府应当成立相关部门加强监督管理,对工程的布控、实施、使用,做到及时的跟进,出现任何问题能够及时解决,减少出现工程闲置的现象。②改进水资源工程技术,采用坡面集水收集天然降水、地下水提灌等技术,使水资源得到最大化的利用。

2. 提高农户整体素质

农户整体文化素质较落后,制约经济发展,调查发现花江示范区的文盲人数居多,整体文化素质属于文盲和小学两个等级。主要措施是:①加大农村教育事业资金的投入,一方面可以开设一些扫盲班,另一方面可成立村文化学习站,定期地为农户进行最新农业技术的培训。②加大建设文化教育设施,可以修建信息发布站,给农户提供最新的农业信息,还可以建设小型图书馆,通过报纸、期刊、书籍各个方面提高农户的整体素质。

参 考 文 献

白晓永，王世杰，陈起伟，等. 2009. 贵州土地石漠化类型时空演变过程及其评价. 地理学报，64(5)：609−618.

卞建民，汤洁，林丰年. 2001. 松嫩平原西南部土地碱质荒漠化预警研究. 环境科学研究，14(6)：47−53.

才林. 2015. 人为干扰下典型石漠化区生态服务功能价值评估分析——以贵州省花江示范区为例. 贵阳：贵州师范大学硕士学位论文.

蔡运龙. 1996. 中国西南岩溶石山贫困地区的生态重建. 地球科学进展，11(6)：602−606.

蔡运龙. 1999. 中国西南喀斯特山区的生态重建与农林牧业发展：研究现状与趋势. 资源科学，21(5)：37−40.

曹欢. 2009. 喀斯特地区生态系统健康评价与管理研究——以毕节试验区为例. 贵阳：贵州大学硕士学位论文.

曹水. 2013. 喀斯特地区石漠化预警与空间决策支持系统研究. 贵阳：贵州师范大学硕士学位论文.

曹水，周忠发. 2013. 贵州喀斯特石漠化监测预警系统设计. 水土保持通报，33(4)：221−223.

岑慧贤，王树功. 1999. 生态恢复与重建. 环境科学进展，7(6)：135−136.

陈国奇，强胜. 2011. 人类活动是导致生物均质化的主要因素. 生态学报，31(14)：4107−4116.

陈洪云. 2007. 喀斯特石漠化综合治理生态监测与效益评价. 贵阳：贵州师范大学硕士学位论文.

陈起伟，熊康宁. 2007. 基于 3S 的贵州喀斯特石漠化现状及变化趋势分析. 中国岩溶，26(1)：37−41.

陈起伟，熊康宁，兰安军. 2014a. 基于 3S 的贵州喀斯特石漠化遥感监测研究. 干旱区资源与环境，28(3)：62−67.

陈起伟，熊康宁，兰安军. 2014b. 喀斯特高原峡谷与高原盆地区石漠化及变化特征对比. 热带地理，34(2)：171−177.

陈全. 2014. 典型石漠化地区生态环境质量动态评价及其对人为干预的响应——以花江示范区为例. 贵阳：贵州师范大学硕士学位论文.

陈圣子，周忠发，闫利会. 2015. 基于网格 GIS 的喀斯特石漠化治理过程中生态系统健康变化诊断——以贵州花江示范区为例. 中国岩溶，3：266−273.

陈文伟. 2002. 决策支持系统及其开发(第 2 版). 北京：清华大学出版社.

陈永毕，兰安军. 2009. 喀斯特干热河谷石漠化综合治理模式与技术支撑体系——以贵州省花江示范区为例. 现代地理科学与贵州社会经济.

程洋，陈建平，皇甫江云，等. 2012. 基于 RS 和 GIS 的岩溶石漠化恶化趋势定量预测——以广西都安瑶族自治县典型岩溶石漠化地区为例. 国土资源遥感，3：135−139.

成永生. 2009. 关于喀斯特石漠化类型划分问题的探讨. 中国地质灾害与防治学报，20(3)：122−127.

褚文珂，周莹莹，陈子林，等. 2013. 珍稀植物华顶杜鹃群落分类和物种多样性研究. 杭州师范大学学报，12(3)：240−244.

Crutzen P J，崔沿江. 1989. 白垩纪、第三纪交界时的酸雨. 世界科学，4：36−37.

翠张玲. 2008. 喀斯特地区庭园生态经济优化与水土流失及石漠化综合防治研究. 贵阳：贵州师范大学硕士学位论文.

单洋天. 2006. 我国西南岩溶石漠化及其地质影响因素分析. 中国岩溶，25(2)：163-167.

邓菊芬，崔阁英，王跃东，等. 2009. 云南岩溶区的石漠化与综合治理. 草业科学，26(2)：33-38.

丁献文. 2014. 石漠化及其治理对策研究. 黑龙江水利科技，5：223-224.

杜雪莲，王世杰. 2010. 喀斯特石漠化区小生境特征研究——以贵州清镇王家寨小流域为例. 地球与环境，3：255-261.

樊哲文，刘木生，沈文清. 2009. 江西省生态脆弱性现状 GIS 模型评价. 地球信息科学学报，11(2)：202-208.

方大春. 2004. 基于 GIS 的空间决策支持系统及其在城市规划中应用研究. 济南：山东科技大学硕士学位论文.

邓书斌. 2010. ENVI 遥感图像处理方法. 北京：科学出版社.

高贵龙，邓自民，熊康宁，等. 2003. 喀斯特的呼唤与希望——贵州喀斯特生态环境建设与可持续发. 贵阳：贵州科技出版社.

高洪深. 2005. 决策支持系统(DSS)理论方法案例. 北京：清华大学出版社.

高渐飞，熊康宁，苏孝良，等. 2011. 喀斯特小流域石漠化综合治理技术研究——以贵州省毕节市石桥小流域为例. 水土保持通报，31(2)：117-121，127.

顾基发. 2001. 物理事理人理系统方法论的实践. 管理学报，8(3)：317-355.

顾基发，唐锡晋. 2006. 物理-事理-人理系统方法论. 上海：上海科教出版社.

顾基发，唐锡晋，朱正祥. 2007. 物理-事理-人理系统方法论综述. 交通运输系统工程与信息，(06)：51-60.

郭宾. 2014. 典型喀斯特区城市边缘地带人为干预强度与石漠化景观格局变化分析. 贵阳：贵州师范大学硕士学位论文.

郭嘉，罗玲玲. 2013. WSR 系统方法论对科技评价系统复杂性的破解. 自然辨证法研究，29(12)：78-83.

郭柯，刘长成，董鸣. 2011. 我国西南喀斯特植物生态适应性与石漠化治理. 植物生态学报，35(10)：991-999.

国家环境保护局. 1995. 中国环境保护 21 世纪议程. 北京：中国环境科学出版社.

郭伟. 2012. 北京地区生态系统服务价值遥感估算与景观格局优化预测. 北京：北京林业大学博士学位论文.

贺丹. 2011. 贵州茂兰自然保护区民俗文化资源保护与开发研究. 南宁：广西师范学院硕士学位论文.

胡娟，熊康宁，安裕伦. 2008. CBERS-02 数据在喀斯特石漠化遥感调查中的应用——以贵州黔南布依族自治州为例. 贵州师范大学学报(自然科学版)，26(2)：39-42.

胡宝清，陈振宇，饶映雪. 2008. 西南喀斯特地区农村特色生态经济模式探讨——以广西都安瑶族自治县为例. 山地学报，26(6)：684-691.

胡宝清，金姝兰，曹少英，等. 2004. 基于 GIS 技术的广西喀斯特生态环境脆弱性综合评价. 水土保持学报，18(1)：103-107.

胡宝清，王世杰. 2008. 基于 3S 技术的区域喀斯特石漠化过程机制及风险评估——以广西都安为例. 北京：科学出版社.

胡宝清，王世杰，李玲. 2005. 喀斯特石漠化预警和风险评估模型的系统设计. 地理科学进展，24(2)：122-129.

胡鹏. 2003. 房地产投资预警管理系统设计. 成都：电子科技大学硕士学位论文.

胡祥培. 2001. 管理科学与系统科学研究新进展. 大连：大连理工大学出版社.

胡于进, 凌玲. 2006. 决策支持系统的开发与应用. 北京: 机械工业出版社.

化锐, 王礼尧, 应艺, 等. 2007. 湖南省水土流失遥感调查技术方法. 国土资源导刊, 3: 45-48.

黄秋昊, 蔡运龙, 王秀春. 2007. 我国西南部喀斯特地区石漠化研究进展. 自然灾害学报, 16(2): 106-111.

黄秋燕, 吴良林. 2008. 喀斯特石漠化与人类活动响应的定量研究——以广西都安县为例. 安徽农业科学, 36(21): 9228-9231.

惠秀娟, 杨涛, 李法云, 等. 2011. 辽宁省辽河水生态系统健康评价. 应用生态学报, 22(1): 181-188.

姬荣斌, 何沙. 2013. WSR方法论及其应用. 价值工程, 30: 13-15.

贾锐鱼, 刘晓, 赵晓光, 等. 2011. 神府矿区生态系统健康水平评价. 煤田地质与勘探, 39(5): 46-51.

贾亚男, 袁道先. 2003. 土地利用变化对水城盆地岩溶水水质的影响. 地理学报, 58(6): 831-838.

蒋树芳, 胡宝清, 黄秋燕等. 2004. 广西都安喀斯特石漠化的分布特征及其与岩性的空间相关性. 大地构造与成矿学, 28(2): 214-219.

江兴龙, 黄海, 张明珍. 2009. 贵州石漠化现状与防治对策探讨. 中国西部科技, 8(3): 52-54.

蒋勇军, 袁道先, 张贵, 等. 2004. 岩溶流域土地利用变化对地下水水质的影响——以云南小江流域为例. 自然资源学报, 6: 707-715.

蒋忠诚, 袁道先. 2003. 西南岩溶区的石漠化及其综合治理综述. 中国岩溶地下水与石漠化究. 南宁: 广西科学技术出版社.

蒋忠诚, 袁道先. 2003. 中国西南岩溶区石漠化的综合治理对策. 中美水土保持研讨会论文集.

金姝兰, 黄益宗. 2013. 稀土元素对农田生态系统的影响研究进展. 生态学报, 33(16): 4836-4845.

经士仁. 2000. 系统科学和系统工程的发展状况. 第11届中国系统工程学会论文集. 北京: Research Information LTD.

孔繁涛. 2008. 畜产品质量安全预警研究. 北京: 中国农业科学院博士学位论文.

况顺达, 戴传固, 王尚彦, 等. 2009. 岩溶石漠化遥感信息增强技术探讨. 贵州地质, (1): 44-48.

赖景生. 2004. 西南地区农业结构调整优化的生态目标分析. 农村经济, 8: 5-7

兰安军. 2002. 基于GIS-RS的贵州喀斯特石漠化空间格局与演化机制研究. 贵阳: 贵州师范大学硕士学位论文.

李春华, 叶春, 赵晓峰, 等. 2012. 太湖湖滨带生态系统健康评价. 生态学报, 32(12): 3806-3815.

李晋, 熊康宁, 王仙攀. 2012. 喀斯特地区小流域地下水土流失观测研究. 中国水土流失, 6: 38-40.

李荣钧, 邝英强. 2002. 运筹学. 广州: 华南理工大学出版社.

李瑞玲, 王世杰, 张殿发. 2002. 贵州喀斯特地区生态环境恶化的人为因素分析. 矿物岩石地球化学通报, 21(1): 43-47.

李瑞玲. 2004. 贵州岩溶地区土地石漠化形成的自然背景及其空间地域分异. 贵阳: 中国科学院地球化学研究所博士学位论文.

李瑞玲, 王世杰. 2003. 贵州岩溶地区岩性与土地石漠化的空间相关分析. 地理学报, 58(2): 314-320.

李瑞玲, 王世杰, 熊康宁, 等. 2004. 喀斯特石漠化评价指标体系探讨——以贵州省为例. 热带地理, 4(2): 145-149.

李瑞玲, 王世杰, 周德全等. 2003. 贵州岩溶地区岩性与土地石漠化的相关分析. 地理学报, 58(2): 314-320.

李荣彪, 洪汉烈, 强泰, 等. 2009. 喀斯特生态环境敏感性评价指标分级方法研究——以都匀市土地利用类型为例. 中国岩溶, 1: 87-93.

李书涛. 1996. 决策支持系统原理与技术. 北京：北京理工大学出版社。

李双江，罗晓，胡亚妮. 2012. 快速城市化进程中石家庄城市生态系统健康评价. 水土保持研究，19
(3)：245-249.

李松，熊康宁，王英，等. 2009. 关于石漠化科学内涵的探讨. 水土保持通报，29(2)：205-208.

李文辉，余德清. 2002. 岩溶石山地区石漠化遥感调查技术方法研究. 国土资源遥感，51(1)：34-37.

李晓秀. 1997. 北京山区生态环境质量评价体系初探. 自然资源，5：31-35.

李雪冬，杨广斌，张旭亚，等. 2014. 基于 RS 和 GIS 的喀斯特山区生态系统构成与格局及转化分
析——以贵州毕节地区为例. 中国岩溶，1：82-90.

李阳兵. 2006. 喀斯特石漠化的研究现状与存在的问题. 地球与环境，34(3)：9-14.

李阳兵. 2007. 岩溶山地不同土地利用土壤的水分差异特性. 水土保持学报，23(1)：12-15.

李阳兵，白晓永，周国富，等. 2006. 中国典型石漠化地区土地利用与石漠化的关系. 地理学报，61
(6)：624-632.

李阳兵，李卫海，王世杰，等. 2010. 石漠化斑块动态行为特征与分类评价. 地理科学进展，29(3)：
335-341.

李阳兵，罗光杰，白晓永，等. 2014. 典型峰丛洼地耕地、聚落及其与喀斯特石漠化的相互关系——案
例研究. 生态学报，34(9)：2195-2207.

李阳兵，邵景安，王世杰，等. 2006. 岩溶生态系统脆弱性研究. 地球科学进展，25(5)：1-9.

李阳兵，王世杰，程安云，等. 2010. 基于网格单元的喀斯特石漠化评价研究. 地理科学，30(1)：98
-102.

李阳兵，王世杰，李瑞玲，等. 2004. 不同地质背景下岩溶生态系统的自然特征差异——以茂兰和花
江为例. 地球与环境，32(1)：9-14.

李阳兵，王世杰，容丽. 2003. 关于中国西南石漠化的若干问题. 长江流域资与环境，12(6)：594
-598.

李阳兵，王世杰，容丽. 2004. 关于喀斯特石漠和石漠化概念的讨论. 中国沙漠，24(6)：689-695.

李阳兵，王世杰，谭秋，等. 2006. 喀斯特石漠化的研究现状与存在的问题. 地球与环境，39(3)：9
-14.

李阳兵，王世杰，熊康宁. 2004. 花江峡谷石漠化土地生态重建及其启示. 中国人口. 资源与环境，15
(1)：138-142.

李阳兵，谢德体，魏朝富. 2004. 岩溶生态系统土壤及表生植被某些特性变异与石漠化的相关性. 土
壤学报，41(2)：196-202.

李阳兵，谢德体，魏朝富，等. 2002. 西南岩溶山地生态脆弱性研究. 中国岩溶，21(1)：25-29.

梁发超，刘黎明. 2011. 景观格局的人类干扰强度定量分析与生态功能区优化初探——以福建省闽清
县为例. 资源科学，33(6)：l138-1144.

廖静秋，曹晓峰，汪杰，等. 2014. 基于化学与生物复合指标的流域水生态系统健康评价——以滇池
为例. 环境科学学报，34(7)：1845-1852.

刘波，岳跃民，李儒，等. 2010. 喀斯特典型地物混合光谱与复合覆盖度关系研究. 光谱学与光谱分
析，30(9)：2470-2474.

刘东生. 2003. 第四纪科学发展展望. 第四纪研究，23(2)：165-176.

刘方，王世杰，刘元生，等. 2005. 喀斯特石漠化过程土壤质量变化及生态环境影响评价. 生态学报，
25(3)：639-644.

刘峰，贺金生，陈伟烈. 1999. 生物多样性的生态系统功能. 植物学通报，16(6)：671-676.

刘艳，蔡德所. 2012. 广西西部地区石漠化现状及治理对策. 中国水土保持，43-45.

龙健. 2007. 贵州喀斯特山区石漠化土壤理化性质及分形特征研究. 土壤通报，37(4)：635-639.

龙健，江新荣，邓启琼，等. 2005. 贵州喀斯特地区土壤石质荒漠化的本质特征研究. 土壤学报，42(3)：417－427.

龙晓闽. 2010. 基于像元二分模型的喀斯特石漠化防治效果遥感监测研究. 贵阳：贵州师范大学硕士学位论文.

卢峰. 2012. 广西岩溶土地现状与石漠化治理模式探析. 广西林业科学，41(2)：183－185.

卢耀如. 1965. 中国南方喀斯特发育基本规律的初步研究. 地质学报，45(1)：108－128.

卢耀如. 2003. 地质－生态生态环境与可持续发展——中国西南及邻近岩溶地区发展途径. 南京：河海大学出版社.

陆丽珍，詹远增，叶艳妹，等. 2010. 基于土地利用空间格局的区域生态系统健康评价——以舟山岛为例. 生态学报，30(1)：245－252.

路洪海，冯绍国. 2002. 贵州喀斯特地区石漠化成因分析. 四川师范学院学报，23(2)：189－211.

罗娅. 2005. 喀斯特石漠化综合治理规划研制——以贵州花江地区为例. 贵阳：贵州师范大学硕士学位论文.

罗中康. 2000. 贵州喀斯特地区荒漠化防治与生态环境建设浅议. 贵州环保科技，1：7－10.

吕涛. 2002. 3S 技术在贵州喀斯特山区土地石漠化现状调查中的应用. 中国水土保持，6：29－30.

马继辉，任锦鸾，吕永波，等. 2007. 基于 WSR 的国有高新技术企业安全分析模型. 中国安全科学学报，17(3)：45－49.

马克平，刘玉明. 1994. 生物群落多样性的测度方法 I：α 多样性的测度方法. 生物多样性，2(4)：231－239.

梅再美，王代懿，熊康宁，等. 2004. 不同强度等级石漠化土地植被恢复技术初步研究——以贵州花江试验示范区查耳岩试验小区为例. 中国岩溶，23(3)：253－258.

梅再美，熊康宁. 2000. 贵州喀斯特山区生态重建的基本模式及其环境效益. 贵州师范大学学报（自然科学版），18(4)：9－17.

梅再美，熊康宁. 2003. 喀斯特地区水土流失动态特征及生态效益评价——以贵州清镇退耕还林（草）示范区为例. 中国岩溶，22(2)：136－143.

孟波. 2001. 计算机决策支持系统. 武汉：武汉大学出版社.

穆彪，杨立美，张莉. 2008. 喀斯特植被恢复过程的群落演替特征. 西南大学学报，30(6)：91－95.

聂朝俊，罗扬. 2003. 浅谈贵州省石漠化治理的基本思路和对策. 贵州林业科技，31(3)：61－64.

聂新艳. 2012. 规划环评中区域生态风险评价技术研究. 湖南师范大学.

欧阳志云，王如松，赵景柱. 1999. 生态系统服务功能及其生态经济价值评价. 应用生态学报，10(5)：635－640.

潘根兴，曹建华. 1999. 表层带岩溶作用：以土壤为媒介的地球表层生态系统过程——以桂林峰丛洼地岩溶系统为例. 中国岩溶，18(4)：287－296.

彭建，王仰麟，吴健生，等. 2007. 区域生态系统健康评价——研究方法与进展. 生态学报，11：4877－4885.

彭晚霞，王克林，宋同情. 2008. 喀斯特脆弱生态系统复合退化控制与重建模式. 生态学报，28(2)：811－820.

钱学森，许国志，王寿云. 1988. 组织管理的技术——系统工程. 长沙：湖南科学技术出版社.

邱彭华，徐颂军，谢跟踪，等. 2009. 湿地承载力分析. 海南师范大学学报（自然科学版），4：456－461.

任海. 2005. 喀斯特山地生态系统石漠化过程及其恢复研究综述. 热带地理，25(3)：195－200.

邵枝新，张凤太，苏维词，等. 2011. 基于集对分析的喀斯特生态景观退化诊断研究. 水土保持研究，18(4)：11－15.

沈涛，党安荣. 2010. 遥感影像融合及高保真算法比较分析研究. 微计算机信息，14：1−3.

盛茂银. 2013. 中国南方喀斯特石漠化演替中土壤理化性质的响应. 生态学报，33(19)：3−13.

石自忠. 2014. 石漠化地区草地生态畜牧业经济效益评价及优化路径选择. 北京：中国农业科学院硕士学位论文.

宋同清，彭晚霞，杜虎，等. 2014. 中国西南喀斯特石漠化时空演变特征、发生机制与调控对策. 生态学报，34(18)：5328−5341.

宋维峰. 2007. 我国石漠化现状及其防治综述. 中国水土保持科学，5(5)：102−106.

宋延巍. 2006. 海岛生态系统健康评价方法及应用. 北京：中国海洋大学博士学位论文.

宋永昌. 2001. 植被生态学. 上海：华东师范大学出版社.

苏为华. 1998. 统计指标理论与方法研究. 北京：中国物价出版社.

苏维词. 2002. 中国西南岩溶山区石漠化治理的优化模式及对策. 水土保持学报，16(5)：24−26，110.

苏维词. 2006. 我国西南喀斯特山区土地石漠化成因及防治. 土壤通报，37(3)：447−451.

苏维词，杨华. 2005. 典型喀斯特峡谷石漠化地区生态农业模式探析——以贵州省花江大峡谷顶坛片区为例. 中国生态农业学报，13(4)：217−220.

苏维词，周济祚. 1995. 贵州喀斯特山地的“石漠化”及防治对策. 长江流域资源与环境，4(2)：177−182.

苏维词，朱文孝，熊康宁. 2002. 贵州喀斯特山区的石漠化及其生态经济治理模式. 中国岩溶，21(1)：19−24.

孙承兴，王世杰，周德全，等. 2002. 碳酸盐岩差异性风化成土特征及其对石漠化形成的影响. 矿物学报，22(4)：308−314.

孙树婷. 2014. 典型喀斯特石漠化综合治理区生态系统健康动态评价. 贵阳：贵州师范大学硕士学位论文.

孙永光，赵冬至，吴涛，等. 2012. 河口湿地人为干扰度时空动态及景观响应——以大洋河口为例. 生态学报，32(12)：3645−3655.

覃小群，朱明秋，蒋忠诚. 2006. 近年来我国西南岩溶石漠化研究进展. 中国岩溶，25(3)：234−238.

谭明. 1993. 中国西江流域喀斯特景观趋异与晚新生代流域环境变迁. 中国岩溶，2：10−17.

汤国安. 2012. 地理信息系统空间分析实验教程. 北京：科学出版社.

唐国滔. 2012. 基于GIS的广西北部湾经济区生态系统服务价值评估. 南宁：广西大学硕士学位论文.

滕建珍，苏维词，廖凤林. 2004. 贵州北盘江镇喀斯特峡谷石漠化地区生态经济治理模式及效益分析. 中国水土保持科学，2(3)：70−74.

童立强. 2003. 西南岩溶石山地区石漠化信息自动提取技术研究. 国土资源遥感，4：35−39.

屠玉麟. 1995. 贵州喀斯特灌丛群落类型研究. 贵州师范大学学报，13(5)：8−9.

万军，蔡运龙. 2003. 应用线性光谱分离技术研究喀斯特地区土地覆被变化——以贵州省关岭县为例. 地理研究，4：439−446.

万军，蔡运龙，路云阁，等. 2003. 喀斯特地区土壤侵蚀风险评价——以贵州省关岭布依族苗族自治县为例. 水土保持研究，10(3)：148−153.

王兵，等. 2013. 中国人民共和国林业行业标准森林生态系统定位观测体系. 国家林业局：2013.12. http://doc.mbalib.com.

王德光. 2012. 基于系统理论的小流域喀斯特石漠化治理模式研究. 福州：福建师范大学博士学位论文.

王德炉，朱守谦，黄宝龙. 2004. 石漠化的概念及其内涵. 南京林业大学学报，28(6)：87−90.

王德炉，朱守谦，黄宝龙. 2005. 贵州喀斯特石漠化类型及程度评价. 生态学报，25(5)：1057−1063.

王恒松. 2009. 贵州典型喀斯特单元生态治理区水土流失机理研究. 贵阳：贵州师范大学硕士学位论文.

王恒松，熊康宁，刘云. 2012. 黔西北典型喀斯特小流域综合治理的生态效益研究. 干旱区资源与环境，8：62-68.

王家录. 2006. 喀斯特地区庭园生态经济建设与石漠化综合治理模式探索——以贵州省花江示范区为例. 贵阳：贵州师范大学硕士学位论文.

王家录，李明军. 2006. 喀斯特石漠化山区农业可持续发展模式研究——以花江示范区顶坛核心区为例. 贵州教育学院学报（社会科学），22(1)：42-46.

王家文. 2013. 中国西南喀斯特土壤水分特征研究进展. 中国水土保持，2：37-41.

王瑾. 2015. 典型石漠化区综合治理工程配置优化度评价模型构建与调控研究. 贵阳：贵州师范大学硕士学位论文.

王金华，李森，李辉霞，等. 2007. 石漠化土地分级特征及其遥感影像特征分析——以粤北岩溶山区为例. 中国沙漠，27(5)：765-770.

王金乐. 2008. 贵州喀斯特石漠化荒地土壤理化性质及环境效应研究. 贵阳：贵州大学硕士学位论文.

王金叶，程道品，胡新添，等. 2006. 广西生态环境评价指标体系及模糊评价. 西北林学院学报，21(4)：5-8.

王君厚，廖雅萍，林进，等. 2001. 土地沙漠化评价预警模型的建立及北方12省(市、区)分县预警. 林业科学，37(1)：58-63.

王兰霞，李巍，王蕾. 2009. 哈尔滨市土地利用与生态环境物元评价. 地理研究，28(4)：1001-1010.

王明章. 2003. 论岩溶石漠化地质背景及其研究意义. 贵州地质，20(2)：63-66.

王瑞江，姚长宏，蒋忠诚，等. 2001. 贵州六盘水石漠化的特点、成因与防治. 中国岩溶，20(3)：45-50.

王世杰. 2002. 喀斯特石漠化概念演绎及其科学内涵的探讨. 中国岩溶，2(21)：101-105.

王世杰. 2003. 喀斯特石漠化——中国西南最严重的生态地质环境问题. 矿物岩石地球化学通报，22(2)：120-126.

王世杰，季宏兵，欧阳自远. 1999. 碳酸盐岩风化成土作用的初步研究. 中国科学(D辑)，29(5)：441-449.

王世杰，李阳兵. 2005. 生态建设中的喀斯特石漠化分级问题. 中国岩溶，24(3)：192-195.

王世杰，李阳兵，李瑞玲. 2003. 喀斯特石漠化的形成背景、演化与治理. 第四纪研究，23(6)：657-666.

王晓学，李叙勇，吴秀芹. 2012. 基于元胞自动机的喀斯特石漠化格局模拟研究. 生态学报，32(3)：907-914.

王新功，廖成章，洪伟，等. 2003. 不同区域长苞铁杉群落植物组成及其区系特征的比较. 江西农业大学学：自然科学版，25(1)：65-68.

王一涵，周德民，孙永华. 2011. RS和GIS支持的洪河地区湿地生态健康评价. 生态学报，31(13)：3590-3602.

王宇，张贵. 2003. 滇东岩溶石山地区石漠化特征及成因. 地球科学进展，18(6)：933-938.

王媛媛，周忠发，魏小岛. 2013. 石漠化景观格局对土地利用时空演变的响应关系. 山地学报，31(3)：307-311.

王圳，张金池，王如岩. 2010. 喀斯特峡谷植被演替进程中的物种组成及多样性. 林业科技开发，24(6)：48-51.

王昭艳，左长清. 2011. 红壤丘陵区不同植被恢复模式土壤理化性质相关分析. 土壤学报，48(4)：715-724.

王震洪，段昌群，徐以宏. 2000. 云贵高原小流域生态系统治理效益研究——以云南省牟定县龙 J11 河小流域为例. 水土保持通报，20(5)：25－28.

韦茂繁. 2002. 广西石漠化及其对策. 广西大学学报(哲学社会科学版)，24(2)：42－47.

魏建兵，肖笃宁，解伏菊. 2006. 人类活动对生态环境的影响评价与调控原则. 地理科学进展，25(2)：36－45.

魏小岛. 2013. 典型石漠化区人类活动影响下的喀斯特生态安全评价模型构建与分析. 贵阳：贵州师范大学硕士学位论文.

魏小岛，周忠发，王媛媛. 2012. 基于网格 GIS 的喀斯特生态安全研究：以贵州花江石漠化综合治理示范区为例. 山地学报，30(6)：681－687.

文传甲. 1997. 三峡库区大农业的自然环境现状与预警分析. 长江流域资源与环境，6(4)：340－345.

文俊. 2006. 区域水资源可持续利用预警系统研究. 南京：河海大学硕士学位论文.

翁文斌，蔡喜明. 1992. 京津唐水资源规划决策支持系统研究. 水科学进展，3：190－198.

吴虹，陈三明，李锦文. 2002. 都安石漠化趋势遥感分析与预测. 国土资源遥感，2：15－21.

吴传钧. 1991. 地理学的核心——人地关系地域系统. 经济地理，11(3)：1－5.

吴孔运，蒋忠诚，罗为群，等. 2008. 喀斯特峰丛山地立体生态农业模式实施效果研究——以广西壮族自治区平果县果化示范区为例. 中国生态农业学报，5：1197－1200.

吴秀芹，蔡运龙. 2006. 我国亚热带喀斯特生态环境演变研究进展. 自然科学进展，16(3)：267－272.

向万丽，戴全厚. 2011. 石漠化地区小流域生态系统健康定量评价. 中国水土保持科学，9(4)：11－15.

肖华，熊康宁，张浩，等. 2014. 喀斯特石漠化治理模式研究进展. 中国人口•资源与环境，24(3)：330－334.

谢炳庚，李晓青，吕辉红，等. 2002. 基于栅格空间信息定量化的湖南西部地区生态环境综合评价. 冰川冻土，24(4)：438－443.

谢恩年. 2009. 海湾生态系统健康诊断与预警对策研究——以莱州湾为例. 北京：中国海洋大学博士学位论文.

谢高地，鲁春霞，冷允法，等. 2003. 青藏高原生态资产的评估. 自然资源学报，18(2)：189－195.

熊康宁. 1999. 贵州喀斯特地区的环境移民与可持续发展——以紫云县为例. 中国人口资源与环境，9(2)：64－67.

熊康宁. 2007. 喀斯特高原石漠化综合治理模式与技术集成. 地理学核心问题与主线——中国地理学会 2011 年学术年会暨中国科学院新疆生态与地理研究所建所五十年庆典.

熊康宁，陈起伟. 2010. 基于生态综合治理的石漠化演变规律与趋势探讨. 中国岩溶，29(3)：267－273.

熊康宁，陈永毕，陈浒，等. 2011. 点石成金——贵州石漠化治理技术模式. 贵阳：贵州科技出版社.

熊康宁，黎平，周忠发，等. 2002. 喀斯特石漠化的遥感－GIS 典型研究——以贵州省为例. 北京：地质出版社.

熊康宁，王恒松，刘云. 2012. 毕节石桥小流域水土保持综合治理生态监测与效益评价. 水土保持研究，24：10－15.

熊康宁，盈斌，罗娅，等. 2009. 喀斯特石漠化的演变趋势与综合治理——以贵州省为例. 世界林业研究，22：18－23.

熊康宁，袁家榆，方伊. 2007. 贵州省喀斯特石漠化综合防治图集. 贵阳：贵州省人民出社.

许国志. 1981. 论事理. 系统工程论文集. 北京：科学出版社.

徐建华. 2006. 计量地理学. 北京：高等教育出版社.

徐勇. 2001. 黄土丘陵区燕沟流域土地利用变化与优化调控. 地理学报，56(6)：657－666.

闫利会. 2008. 喀斯特石漠化地表遥感信息自动提取研究——以贵州毕节鸭池石桥流域为例. 贵阳：贵州师范大学硕士学位论文.

闫利会，周忠发，陈全，等. 2016. 高原峡谷区喀斯特石漠化演变过程典型研究. 水文地质工程地质. 43(2)：112－117，125.

杨成波，王震洪. 2007. 中国西南地区石漠化及其综合治理研究. 农业环境与发展，5：9－13.

杨汉奎. 1995. 喀斯特荒漠化是一种地质生态灾难. 海洋地质与第四纪地质，15(3)：137－147.

杨华斌，韦小丽，党伟. 2009. 黔中喀斯特植被不同演替阶段群落物种组成及多样性. 山地农业生物学报，28(3)：203－207.

杨洁，龙明忠. 2005. 喀斯特峡谷土壤侵蚀的经济损失初步估值与分析——以花江示范区为例. 贵州师范大学学报(自然科学版)，4(23)：13－17.

杨胜天，朱启疆. 2000. 贵州省典型喀斯特环境退化与自然恢复速率. 地理学报，55(4)：459－466.

杨士友. 2003. 喀斯特山区生态地质环境评价方法探讨. 贵州地质，20(2)：68－72.

杨树文，谢飞，韩惠，等. 2012 基于SPOT5遥感影像的浅层滑坡体自动提取方法. 测绘科学，1：71－73，88.

杨晓英. 2012. 喀斯特地区复杂背景环境下石漠化光谱特征与影响因子分析. 贵阳：贵州师范大学硕士学位论文.

姚永慧. 2014. 中国西南喀斯特石漠化研究进展与展望. 地理科学进展，33(1)：76－84.

姚长宏，杨桂芳，蒋忠诚. 2001. 贵州省岩溶地区石漠化的形成及其生态治理. 地质科技情报，20(2)：75－82.

叶亚平，刘鲁军. 2000. 中国省域生态环境质量评价指标体系研究. 环境科学研究，13(3)：33－36.

易武英，苏维词. 2014. 基于RS和GIS的乌江流域生态安全度变化评价. 中国岩溶，3：308－318.

尹辉. 2012. 我国西南典型喀斯特峰丛洼地土壤理化特征研究. 广西：中国地质科学院.

余霜，李光，冉瑞平. 2014. 喀斯特石漠化地区农业循环经济保障机制研究. 江苏农业科学，10：438－440.

余艳琴，余志勇. 2004. 水资源利用状况综合评价方法研究. 武汉大学学报(工学版)，37(4)：36－39.

俞甦. 2003. 中国石漠化分布现状与特点. 中南林业调查规划，22(2)：53－55.

喻理飞，朱守谦，叶镜中，等. 人为干扰与喀斯特森林群落退化及评价研究. 应用生态学报，13(5)：529－532.

喻琴. 2009. 基于决策树模型的喀斯特石漠化光谱信息自动提取研究. 贵阳：贵州师范大学硕士学位论文.

袁道先. 1993. 中国岩溶学. 北京：地质出版社.

袁道先. 1997. 我国西南岩溶石山的环境地质问题. 世界科技研究与发展，5：41－43.

袁道先. 2000. 对南方岩溶石山地区地下水资源及生态环境地质调查的一些意见. 中国岩溶，19(2)：103－108.

袁道先. 2001. 全球岩溶生态系统对化：科学目标和执行计划. 地球科学进展，16(4)：461－466.

袁道先. 2008. 岩溶石漠化问题的全球视野和我国的治理对策与经验. 草地科学，25(9)：19－25.

袁道先. 2011. 地质作用与碳循环研究的回顾和展望. 科学通报，26：2157.

袁道先，蔡桂鸿. 1988. 岩溶环境学. 重庆：重庆出版社.

袁菲，张星耀，梁军. 2013. 基于干扰的汪清林区森林生态系统健康评价. 生态学报，33(12)：3722－3731.

袁淑杰，缪启龙，谷晓平，等. 2007. 中国云贵高原喀斯特地区春旱特征分析. 地理科学，27(6)：796－800.

袁贤祯. 1998. 房地产业监测预警系统构想. 中国房地产，(4)：16－19.

岳跃民，王克林，张兵，等. 2011. 喀斯特石漠化信息遥感提取的不确定性. 地球科学进展，26(3)：266−271.

曾馥平，王克林. 2005. 桂西北喀斯特地区 6 种退耕还林(草)模式的效应. 农业生态环境，21(2)：18−22.

张彩江，孙东川. 2001. WSR 方法论的一些概念和认识. 系统工程，19(6)：1−8.

张翠云，王昭. 2004. 黑河流域人类活动强度的定量评价. 地理科学进展，19：386−390.

张殿发，王世杰，李瑞玲. 2002. 贵州省喀斯特山区生态环境脆弱性研究. 地理学与国土研究，18(1)：77−79.

张冬青，林昌虎，何腾兵. 2006. 贵州喀斯特环境特征与石漠化的形成. 水土保持研究，13(1)：220−223.

张凤太，苏维词，赵卫权. 2008. 基于土地利用/覆被变化的重庆城市生态系统服务价值研究. 生态与农村环境学报，3：21−25，50.

张凤太，苏维词，赵卫权，等. 2011. 基于生态足迹模型的喀斯特高原山地生态系统健康评价研究. 水土保持通报，1：256−261.

张光富，郭传友. 2000. 恢复生态学研究历史. 安徽师范大学学报(自然科学版)，4：395−398.

张浩，熊康宁，苏孝良，等. 2012. 贵州晴隆县种草养畜治理石漠化的效果、存在问题及对策. 中国草地学报，34(5)：107−113

张秋华. 2014. 不同耕作方式和植被覆盖对土壤养分流失的影响研究. 现代农业，2：18−21

张素红. 2007. 粤北岩溶山区土地石漠化研究. 北京：北京师范大学.

张雅梅，熊康宁，安裕伦，等. 2003. 花江喀斯特峡谷示范区土壤侵蚀调查. 水土保持通报，2：19−22.

张勇荣，周忠发，魏小岛，等. 2012. 喀斯特石漠化综合防治空间决策支持系统研究. 环境科学与技术，35(6)：189−192.

张韫. 2011. 土壤·水·植物理化分析教程. 北京：中国林业出版社.

赵海珍，李文华，黄瑞玲，等. 2010. 拉萨达孜县北京杨人工林生态系统服务功能评价. 中国人口资源与环境，20(5)：104−106.

赵敬钊. 2007. 湄潭县石漠化土地现状调查及治理对策. 防护林科技，53−54.

赵其国，黄国勤，马艳芹. 2013. 中国南方红壤生态系统面临的问题及对策. 生态学报，33(24)：7615−7622.

赵同谦，欧阳志云，贾良清，等. 2004. 中国草地生态系统服务功能间接经济价值评价. 生态学报，24(6)：1101−1110.

中国科学院南京土壤研究所土壤物理研究室. 1978. 土壤物理性质测定方法. 北京：科学出版社.

中国科学院学部. 2003. 关于推进西南岩溶地区石漠化综合治理的若干建议. 地球科学进展，25(1)：489−492.

中央人民政府. 2006. 国家中长期科学和技术发展规划纲要. 北京：中央人民政府，2006 年 2 月 9 日. http://www.gov.cn/jrzg/2006−02/09/content_183787.htm.

周常萍，童立强，雷蓉. 2005. 贵州省土地石漠化形成与发展机理研究. 云南农业大学，20(2)：269−273.

周锦中，吕英娟. 2003. 石漠化的成因机理与防治对策. 湖南地质，22(1)：43−46.

周文龙，赵卫权，苏维词，等. 2013. 基于子系统的云台山喀斯特生态系统健康评价指标体系初探. 贵州科学，31(5)：93−97.

周小舟，蒋宣斌，王震，等. 2003. 石漠化综合治理与植被恢复技术体系. 现代农业科技，1：234−236.

周兴. 1994. 广西石灰岩山地合理利用模式研究. 自然资源学报, 4: 70-78.

周政贤, 毛志忠, 喻理飞, 等. 2002. 贵州石漠化退化土地及植被恢复模式. 贵州科学, 20(1): 1-6.

周忠发. 2001. 遥感和 GIS 技术在贵州喀斯特地区土地石漠化研究中的应用. 水土保持通报, 21(3): 52-54, 66.

周忠发. 2007. 贵州农业资源生态环境典型 GIS 研究与应用. 贵阳: 贵州省人民出版社.

朱教君, 刘足根. 2004. 森林干扰生态研究. 应用生态学报, 15(10): 1703-1710.

朱丽. 2007. 关于生态恢复与生态修复的几点思考. 阴山学刊, 21(1): 71-73.

朱连奇, 许叔明, 陈沛云. 2003. 山区土地利用/覆被变化对土壤侵蚀的影响Ⅲ. 地理研究, 22(4): 432-438.

朱卫红, 曹光兰, 李莹, 等. 2014. 图们江流域河流生态系统健康评价. 生态学报, 34(14): 3969-3977.

左太安. 2012. 贵州喀斯特石漠化治理模式类型及典型治理模式对比研究. 重庆: 重庆师范大学硕士学位论文.

左兴俊, 左太安, 徐树建. 2010. 贵州省典型喀斯特石漠化治理模式效益评价研究. 安徽农业科学, 238(28): 15792-15795.

Bogli A. 1980. Karst Hydrology and Physical Speleology. Berlin: Sringer-Verlagl.

Costanza R, Arge R, Groot R D, et al. 1997. Value of the world's ecosystem services and natural capital. Nature, 387: 253-260.

Crutzen P J. 2002. Geology of mankind. Nature, 415(6867): 23.

Ford D C, Williams P W. 1989. Karst Geomorphology and Hydrology. London: Unwin Hyman Ltd.

Gu J F, Zhu Z C. The Wu-li Shi-li Ren-li Approach (WSR): An Oriental Systems Methodology. In: Midgley G L, Wiley J. Systems Methodology I: Possibilities for Cross-Cultural Learning and Integration. University of Hull, UK, 1995: 29-38.

John G. 1991. Human Impact on the Cuilcagh Karst Areas. Italy: Universita, di Padova.

LeGrand H E. 1973. Hydrological and ecological Problems of Karstregions. Science, 179(4076): 859-864.

Lubcheneo J. 1998. Entering the century of the environment: A new social contract for seience. Science, 279: 491-497.

Jankowski P, Robischon S, Tuthill D. 2006. Design considerations and evaluation of a collaborative, spatio-temporal decision support system. GIS, 10(3): 335 - 354.

Rapport D J, Costanza R, Michael A J. 1998. Assessing ecosystem health. Trends in Ecology&Evolution, 13(10): 397.

Sahaeffer D J, Henricks E E, Kerster H W. 1988. Ecosystem health: Measuring ecosystem health. Environmental Management, 12: 445-455.

Sweeting M M. 1995. Karst in China, Its Geomorphology and Environment. Berlin: Springer-Verlag.

Vitousek P M, Mooney H A, Lubehenco J, et al. 1997. Human domination of earth's ecosystems. Seience, 277(5325): 494-499.

Yuan D X. 1995-1999. Rock desertification in the subtropical karst of south China. In: Webmaster. Copyrights by Karst Dynamics Laboratory and Network Center of Guangxi Normal University,

Yuan D X. 1997. Rock desertification in the subtropical karst of south China. Zeitschrift fur Geomorphologie, NF., 108: 81-90.